基于约束法线的机构自由度计算与应用

Calculation and Application of Degrees of Freedom of Mechanisms Based on Constrained Normals

罗国军 著

化学工业出版社

·北京·

内容简介

本书专注于解决机构设计中自由度分析的难题，特别是针对虚约束对自由度计算的影响进行了深入研究。首先介绍了虚约束形成的具体几何条件与一般规律，然后基于这些理论，提出了约束法线和约束法平面的概念，并建立了一套完整的机构自由度计算方法。通过刚体自由度、运动副约束和虚约束的分析，建立了机构自由度、各构件自由度总数量、各构件之间实际约束自由度的总数量三者之间的平衡方程，提出了一种新的基于约束法线的机构自由度计算方法。

本书理论充分，物理意义明确，并且提供了丰富的实例分析，包括典型平面机构、空间机构和耦合机构等，以验证新方法的准确性和通用性。特别是针对空间并联机构和多环路耦合机构，本书提出的自由度分析方法展现了直观、严谨和准确的特性。

本书适合机械工程、自动控制等领域的技术人员以及高校相关专业的师生阅读，为他们提供一套新的理论方法，用于更准确地分析机构自由度。

图书在版编目（CIP）数据

基于约束法线的机构自由度计算与应用 / 罗国军著.
北京：化学工业出版社，2025. 1. -- ISBN 978-7-122
-46713-3

Ⅰ. TH111

中国国家版本馆 CIP 数据核字第 20246VC469 号

责任编辑：金林茹
文字编辑：温潇潇
责任校对：李雨函
装帧设计：刘丽华

出版发行：化学工业出版社
（北京市东城区青年湖南街 13 号　邮政编码 100011）
印　　装：北京盛通数码印刷有限公司
710mm×1000mm　1/16　印张 9　字数 157 千字
2025 年 3 月北京第 1 版第 1 次印刷

购书咨询：010-64518888
售后服务：010-64518899
网　　址：http://www.cip.com.cn
凡购买本书，如有缺损质量问题，本社销售中心负责调换。

定　　价：79.00 元

前言

机构自由度分析是机构设计的基础，它可以帮助机构设计者明确机构的约束条件，探索机构的运动特性，预测机构的工作范围。传统的机构自由度分析方法计算出现问题，根本原因是虚约束的存在影响了机构自由度的计算。但由于对虚约束的形成机理不明确，目前为止还没有找到虚约束形成的具体几何条件与一般规律，早已形成共识的“机构中存在虚约束的几种特定几何条件”至今仍是通过经验来识别机构中虚约束的唯一途径。因此，研究能够准确判断机构中虚约束的理论方法有非常重要的意义。

本书针对机构中存在虚约束影响自由度计算的问题，在阐明虚约束形成的具体几何条件与一般规律的基础上，建立机构自由度、各构件自由度总数量、各构件之间实际约束自由度的总数量三者之间的平衡方程，得到一种理论充分、物理意义明确的机构自由度计算方法。主要内容如下：

（1）为判断刚体自由度与参照物间产生约束的关系，以刚体自由度与过约束问题为研究重点，提出了约束法线和约束法平面的概念，将接触点处的约束简化为约束法线用以表示刚体受到的约束。通过探究法线数量、分布之间的几何关系对自由度的限制，建立了判断刚体自由度及其特性、过约束及其数量的约束法线几何定理，可准确分析判断刚体的自由度性质，为刚体自由度与过约束的判断提供理论依据。

（2）为判断运动副对构件自由度产生的约束关系，将机构中各类运动副用法线及其数量的分布来表示。根据构件的运动传递，提出动、静法线的定义并探究其传递规律，建立了动、静约束法线几何定理。通过定理可准确分析判断运动副对构件自由度的约束特点，阐明了运动副对构件产生约束的机理，也可对机构中运动链对并联构件的自由度约束特性、过约束数量进行分析判断。

（3）为准确识别机构中虚约束的数目，消除虚约束给机构自由度分析计算带来的影响，研究并提出了判断构件形成虚约束的必要条件。通过分析验证机构中虚约束的形成条件，阐明了机构中虚约束的形成机理。通过推导机构中构件的数量、全部运动副的约束法线数量和虚约束数量之间的关系，建立了基于约束法线的机构自由度通用计算方法。

（4）为验证新方法的准确性和通用性，对典型平面机构、空间机构以及耦合机构等实例进行自由度分析，新方法可以有效克服虚约束对机构自由度分析计算的影响，准确识别机构中的虚约束数目，得到准确的机构自由度。特别针对空间并联 3-RRC 机构，通过分析对比，验证了本书提出的基于约束法线的自由度分析方法直观、严谨、准确。而在针对多环路耦合机构的自由度分析中，提出了简化杆组的方法，结合约束法线的判定定理，新方法可以有效解决耦合机构自由度分析计算的难题。

山西工程科技职业大学

罗国军

目录

第 1 章 绪论 // 001

1.1 机构自由度计算研究背景及其意义 …… 001
1.2 机构自由度的研究现状 …… 005
1.3 机构自由度计算中问题的剖析 …… 014
1.4 本书的编写思路与内容技术路线 …… 016
1.5 本章小结 …… 018

第 2 章 判断刚体自由度的几何定理 // 019

2.1 刚体的运动方式 …… 019
2.2 定位法线与定位法面的定义 …… 020
2.3 判断刚体自由度与性质的几何定理 …… 021
2.4 判断刚体过约束的几何定理 …… 025
2.5 本章小结 …… 028

第 3 章 构件的自由度与过约束分析 // 029

3.1 并联构件 …… 029
3.2 机构中运动副与构件的排列序号 …… 030
3.3 各类运动副的法线及其数量与分布 …… 031
3.4 法线的分类及其传递规律 …… 037
3.4.1 法线的类型及其表示方法 …… 037
3.4.2 静法线与动法线的判断方法 …… 038
3.5 并联构件自由度与过约束的判断 …… 040
3.5.1 静法线对并联构件自由度与过约束的影响 …… 040
3.5.2 动法线对并联构件自由度与过约束的影响 …… 041
3.6 本章小结 …… 049

第 4 章 机构自由度的分析与计算 // 050

4.1 机构的自由度 …… 050
4.2 机构的三种类型 …… 051
4.3 虚约束的形成机理 …… 051
4.3.1 虚约束的定义 …… 051
4.3.2 构件形成虚约束的条件 …… 052
4.3.3 机构中确定虚约束的方法步骤 …… 057
4.4 基于约束法线的机构自由度通用公式的建立 …… 058
4.4.1 建立机构自由度通用公式的基本思路 …… 058
4.4.2 机构自由度通用公式的建立 …… 059
4.4.3 机构自由度分析计算的步骤 …… 059
4.5 本章小结 …… 060

第 5 章 基于约束法线的平面机构自由度分析计算 // 061

5.1 基于约束法线的平面机构自由度分析计算的步骤 …… 061
5.2 虚约束判断与机构自由度的实例分析计算 …… 062
5.2.1 存在虚约束的平面机构自由度实例分析 …… 062
5.2.2 过约束构件速度不匹配或瞬时过约束平面机构计算实例 …… 070
5.2.3 单自由度平面机构的自由度与计算分析实例 …… 072
5.2.4 多自由度平面机构的计算实例 …… 082
5.3 本章小结 …… 085

第 6 章 基于约束法线的空间并联机构自由度分析计算 // 086

6.1 基于约束法线的空间并联机构自由度分析计算的步骤 …… 086
6.2 基于约束法线的空间并联机构自由度计算实例分析 …… 087
6.2.1 3-SS 并联机构自由度分析与计算 …… 087
6.2.2 *m*-SS 并联机构自由度分析与计算 …… 088
6.2.3 Sarrus 并联机构自由度分析与计算 …… 090
6.2.4 3-PRS 并联机构自由度分析与计算 …… 091
6.2.5 单环斜推并联机构自由度分析与计算 …… 092

6.2.6 双滑块 4P 机构自由度分析与计算 …… 093
6.2.7 3 分支 S/PRS/PSS 非对称并联机构自由度分析与计算 …… 094
6.2.8 Davies 并联机构自由度分析与计算 …… 096
6.2.9 空间对称三分支并联机构自由度分析与计算 …… 097
6.2.10 空间非对称四分支并联机构自由度分析与计算 …… 100
6.3 典型的机构自由度计算方法分析对比 …… 105
6.3.1 基于螺旋理论的空间 3-RRC 并联机构自由度分析计算 …… 105
6.3.2 基于几何代数的空间 3-RRC 并联机构自由度分析计算 …… 107
6.3.3 基于约束法线的空间 3-RRC 并联机构自由度分析计算 …… 109
6.3.4 空间 3-RRC 并联机构自由度的模拟验证 …… 111
6.3.5 空间 3-RRC 并联机构自由度分析计算的各方法优缺点 …… 112
6.4 本章小结 …… 113

第 7 章 基于约束法线空间耦合机构自由度分析计算 // 114

7.1 基于约束法线空间耦合机构自由度分析计算的步骤 …… 114
7.2 基于约束法线的对称型空间耦合机构自由度计算实例分析 … 115
7.2.1 确定耦合构件 …… 116
7.2.2 耦合构件的自由度与过约束分析 …… 116
7.2.3 耦合机构自由度计算 …… 118
7.2.4 动平台自由度的模拟验证 …… 118
7.3 基于约束法线的非对称空间耦合机构自由度计算实例分析 … 120
7.3.1 确定耦合构件 …… 121
7.3.2 耦合构件的自由度与过约束分析 …… 121
7.3.3 耦合机构自由度计算 …… 125
7.3.4 动平台自由度的模拟验证 …… 125
7.4 本章小结 …… 128

参考文献 // 129

CHAPTER 1

第1章 绪论

1.1 机构自由度计算研究背景及其意义

机构是构件通过运动副连接，且有确定运动输出的构件组合，是用来传递运动或动力的系统。机构是现代社会飞速发展不可或缺的因素，是人类文明的集中体现和智慧结晶[1,2]。机构设计与应用使生产力不断提升，在所有的核心技术体系中占有举足轻重的地位。随着人类社会的不断发展，机构设计与应用也会一直发挥自己的重要作用，推动人类社会进步，促进生活质量的不断提高，满足社会的需求[3]。

第一次工业革命以来，以蒸汽机为标志的机械设备在工业生产中大量地使用，使机械工业迅速得到发展。机器的使用使生产力有了飞跃，也提高了人们对各种生产设备的研究热情，各种机械设备如雨后春笋般地设计出来。德国的学者勒洛在1875年出版了《机构运动学》，这是第一本对机构学做了系统研究和分类的书籍，为机构学的理论研究奠定了基础[4]。俄罗斯的契贝舍夫借助于函数逼近理论[5]，成功地解决了机构设计的问题，设计的机械机构应用广泛。近百年来，机构学的发展取得了长足的进步，机构总体上呈现出从简单到复杂、从平面到空间的发展趋势。机构可以划分为串联机构、并联机构和耦合机构三种结构形式。

① 串联机构是通过构件依次连接而组成的一种开链式结构，它通过运动副实现连接[6,7]。随着时间的推移，串联机器人也变得丰富多样[8-15]，如图1.1所示。

(a) Unimate机器人

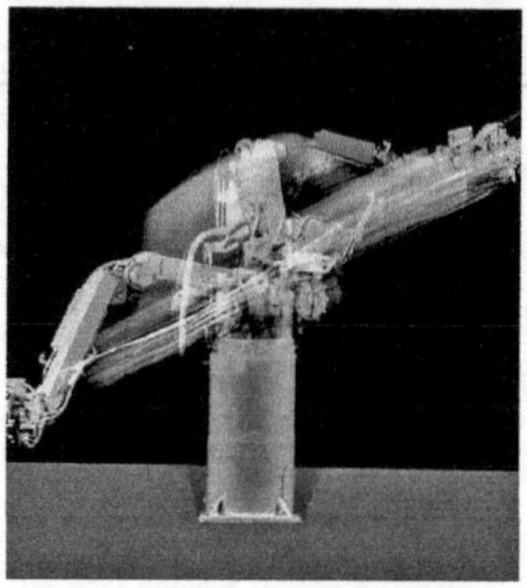

(b) T3机器人

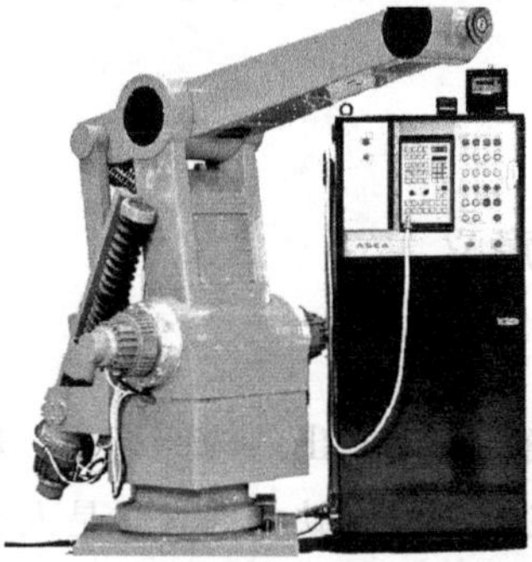

(c) IRB60机器人

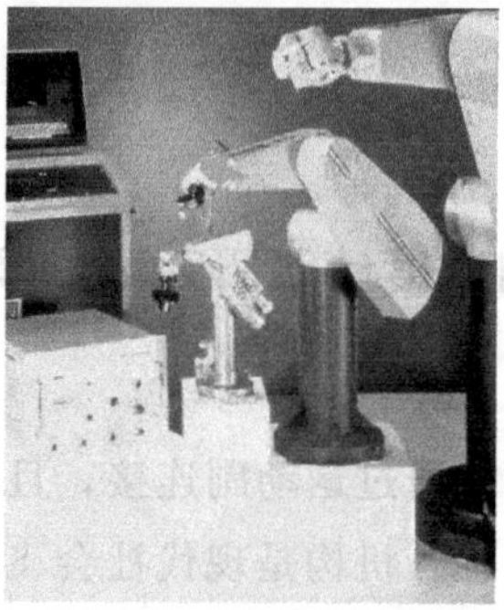

(d) PUMA机器人

图 1.1　串联机构机器人

② 并联机构是机架通过多条运动链共同作用而产生运动输出的机构[16]。20 世纪 90 年代，以并联机构为主体结构的并联机器人开始引起人们的广泛关注，它具有强度大、效率高、质量小等优点，构成现代工业机器人的重要组成部分[17-26]，如图 1.2 所示。

③ 耦合机构是一种复杂的，区别于串、并联机构的连杆机构[27]。这种机构通过多个闭合环路相互连接，以实现运动传递。多环耦合机构从机架到末端输出构件之间不是由几个独立支链相连，而是由相互耦合、交织在一起的支链形成网状连接结构[28-31]，如图 1.3 所示。

随着科技的飞速发展，日益扩展的机械装备应用需求推动了机构学的发展，现代机构的代表——机器人发展迅速。机器人在工业生产中的应用越来越广泛[32,33]。

如图 1.4 所示的工业机器人可以完成搬运、装配、焊接、喷漆、凿岩等工作，大大解放了人工劳动力，提高了效率[34,35]。

潜水、管道修理、外科手术、生物工程、军事、星际探索等领域也开始应用特种机器人，它们承担着许多人无法直接操作完成的工作，如图 1.5 所示。

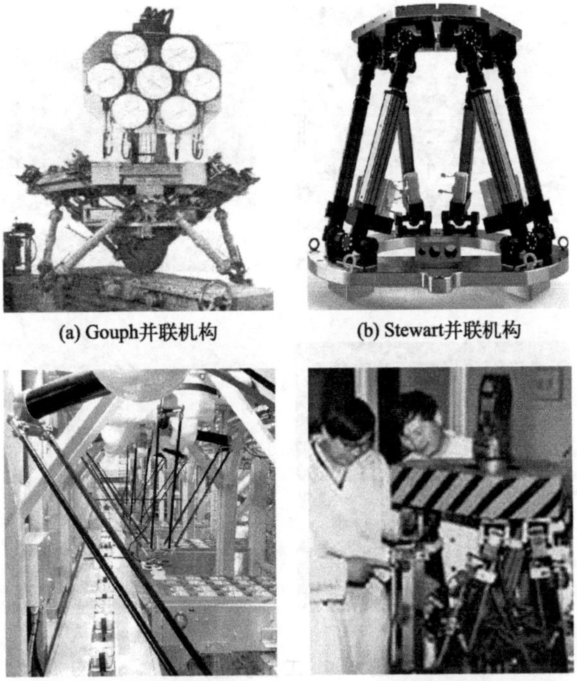

(a) Gouph并联机构　(b) Stewart并联机构

(c) Delta并联机构　(d) 误差补偿器

图 1.2　并联机构

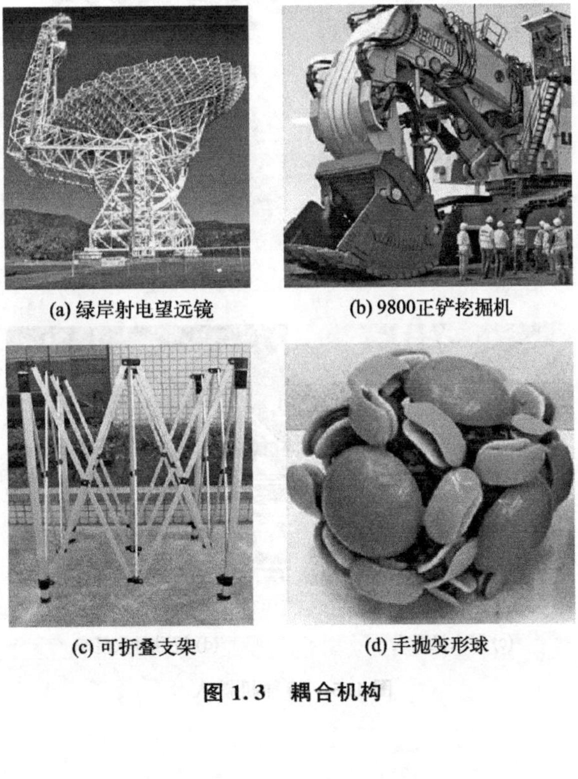

(a) 绿岸射电望远镜　(b) 9800正铲挖掘机

(c) 可折叠支架　(d) 手抛变形球

图 1.3　耦合机构

(a) 搬运机器人

(b) 焊接机器人

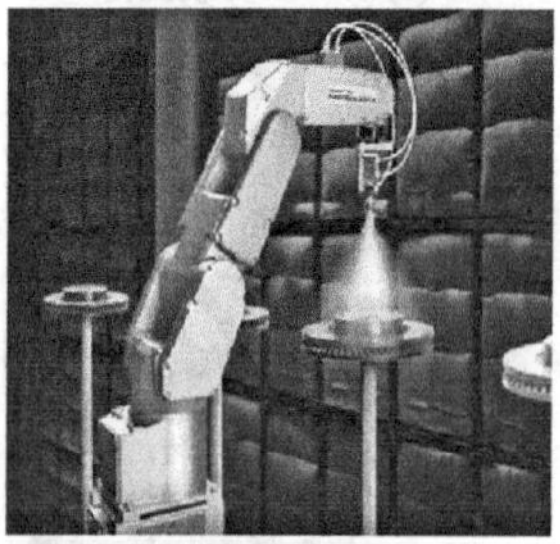

(c) 喷绘机器人

(d) 装配机器人

图 1.4　工业机器人

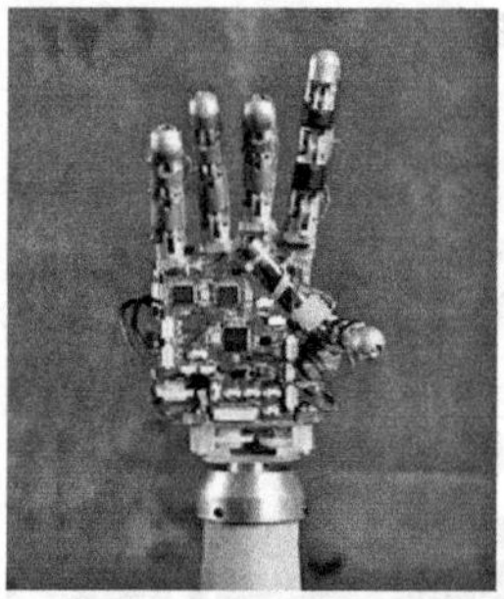

(a) 机械手

(b) 空间站机械臂

(c) 潜水机器人

(d) 祝融号火星车

图 1.5　特种机器人

可以看出，这些新型的机构虽然形状各异，功能性能各不相同，但是有一个关键因素在很大程度上决定了机构的灵活性和活动范围，那就是机构自由度(degree of freedom，DOF)，IFToMM（国际机器理论与机构学联合会）定义为“活动度”（mobility）[36,37]。机构自由度是机构学中最基本的问题，是机构设计和机构创新的基础，对机构的创新设计至关重要。准确快速地分析机构自由度，为进一步分析机构的驱动控制、运动学以及动力学等性能提供了基础[38-42]。

机构自由度的计算较长时间以来一直用的是 Grübler-Kutzbach 公式[43,44]，也就是我们熟悉的 G-K 公式，它可以计算出结构简单的平面机构和部分空间机构的自由度，且公式仅仅基于最基本的算术运算。由于简单、易行、容易掌握，G-K 公式被编入许多教科书，也被众多的机械工程师所熟悉和运用[45]。但是 G-K 公式没有考虑机构中几何尺寸的关联所导致的虚约束等问题对自由度计算的影响，在一些特殊机构中，随着机构从平面发展到空间、从单自由度发展到多自由度、从单环发展到耦合运动链、从串联机器人发展到并联机器人，涌现出大量新的复杂机构，使得 G-K 公式计算出现了许多反例，不能得到正确的结果，因而 G-K 公式也不再被认为是“通用”的公式[46]，这就对机构的自由度计算和分析提出了新的挑战。近年来，尽管相关学者提出了众多自由度计算方法，然而由于它们的通用性、复杂性等至今未能在工程和教学中广泛应用[47-49]。因此，如何利用一般化公式对复杂机构自由度进行有效而简明的计算，已成为机构学领域一个格外引人关注的研究方向。

毫无疑问，建立一种理论依据充足、操作简明易懂、物理意义明确的方法，能够自由计算和判断平面及空间机构的自由度和性质，对机构创新设计具有重要意义。

1.2 机构自由度的研究现状

在机构设计中，针对机构自由度的计算问题众多学者做了大量分析研究，努力找出能够计算机构自由度的通用公式和方法[50-52]。近 200 年来，许多杰出的专家学者为机构自由度公式的研究作出了巨大贡献。

Gogu 在 2005 年的一篇学术论文中将以往各种改进的机构自由度分析方法进行了详细比较和概括[53]。第一类方法是建立约束参数方程，通过求解矩阵的秩来计算机构的自由度。这种方法对于并联机构来说，通常能够获得准确的计算结果，但如果机构结构复杂，要想建立约束方程会变得特别困难。第二类方法是建立自由度计算公式，只需将空间类型、构件数目、运动副种类以及数目等参数代入计算公式，就可以得到结果，而这种方法只需要考虑机构中构件和运动副的数量，无需考虑机构运动链之间的约束。但这种方法有局限性，不能求解所有机构的自由度。因此，Gogu 也分析整理了许多不能用自由度通用公式计算的反例机构，并划分为两大类：

① 古典机构。典型的有：Altmann 机构[54]，Phillips 机构[55]，Bennett 机构[56]，Bricard 机构[57]，Roberval 机构[58]，Delassus 机构[59-61]，Goldberg 机构[62]，Sarrus 机构[63]，Hervé 机构[64]，Myard 机构[65]，Baker 机构[66,67]，Waldron 机构[68]。

② 现代并联机构。典型的有：Gogu 机构[69]，CPM 机构[70,71]，Delta 机构[72]，H4 机构[73]，Kong & Gosselin 机构[74]，Orthoglide 机构[75]，Star 机构[76]等。

机构自由度计算方法研究在这 200 年间有了大量进展[77-79]。为了得到机构的自由度，近年来研究者结合数学方法探究了各种求解方法。根据机构自由度的研究发展情况，这些方法可划分为六大类。

(1) 基于机构拓扑参数的自由度计算

这类方法只需要建立计算公式，把与自由度有关的参数，如构件、运动副等代入公式，即可计算得到机构自由度[80]。这种方法使用简单，可以快速计算机构的自由度，但是由于没有考虑机构中的虚约束，因此该方法对于特定结构的机构自由度计算有局限性。

1854 年，Chebyshev[81] 首次通过建立数学表达式计算平面机构自由度：

$$3n-2(p_0+p_n)=1 \tag{1.1}$$

式中，n 表示机构中活动构件的数量；$2(p_0+p_n)$ 表示约束方程的个数。把运动副的约束特性代入表达式，即可得到众所周知的 Chebyshev-Gruebler 公式：

$$F=3n-2p_l-p_h \tag{1.2}$$

式中，p_l 为低副的数量，包括移动副和转动副；p_h 为高副的数量。

Chebyshev-Gruebler 公式是一个重要的里程碑，它在机构设计和自由度分析中有着深入的应用，但是随着运动空间、机构形式的变化，常会出现计算反例，使人们不得不为更通用的计算公式努力探索。

Sylvester[82] 以及 Grübler[83] 提出了第一个空间机构自由度的公式[84]：

$$5h-6m+7=0 \tag{1.3}$$

式中，h 是指单自由度运动副的数量；m 表示机构杆件数目。

Somov[85] 于 1887 年首次提出可以通过求解矩阵的秩计算机构的自由度，由此建立了新的自由度计算表达式：

$$m-q(b-1)=2 \tag{1.4}$$

式中，b 表示不受约束的构件所具有自由度，如果机构在平面内，则 $b=3$，如果是在三维空间，则 $b=6$；q 为闭合的环链数目；m 为机构杆件数目。

Hochman[86] 经过不断研究，于 1890 年建立了基于考虑公共约束的自由度计算表达式：

$$b(m-1)-\sum_{i=1}^{b-1} iC_i^b=1 \tag{1.5}$$

式中，b 为构件除公共约束外的自由度数目；$\sum_{i=1}^{b-1} iC_i^b$ 是所有运动副对构件的约束总数目；m 为机构杆件数目。Hochman 提出的是一种基于公共约束运动参数的分类方法，该方法将机构划分为不同的类别，而且还将构件受到的约束数目结合在表达式中，为后人计算机构自由度提供了判断过约束的基础。

Kutzbach[87] 于 1929 年通过分析研究，建立了一种求解空间结构自由度的通用表达式：

$$M=(6-d)(m-1)-\sum_{i=1}^{p}(6-d-f_i) \tag{1.6}$$

式中，d 是单独结构环的数目，$6-d=b$。所有独立环必须符合相同要求。这也就是 Grübler-Kutzbach（G-K）公式，此公式一直广泛应用于教学领域中。但是它缺乏普适性，许多机构无法使用它来计算，不过，Kutzbach 在机构学上的贡献是不可忽视的。

Voinea 和 Atanasiu[88] 于 1960 年首次提出适用于独立闭环有不同运动系数的复杂机构自由度计算公式：

$$M=N-\sum_{j=1}^{q} r_j+p_p \tag{1.7}$$

式中，N 是所有关节自由度的总数；r_j 是机构的第 j 个独立环节螺旋系的秩；p_p 是被动关节的数量；q 为独立环路机构数。

Freudenstein 和 Alizade[89] 在 1975 年提出了一种多环机构自由度计算公式：

$$M=\sum_{i=1}^{E} e_i-\sum_{k=1}^{q} b_k \tag{1.8}$$

式中，e_i 是第 i 个位移参数；E 是位移参数的总量；b_k 是约束参数；q 是约束参数的总量。但是这种方法中的参数 b_k 需要通过第 k 个独立环的独立微分环方程确定，所以必须对机构进行完整的位置分析，否则无法得到结果。

总的来看，机构学发展早期提出的基于机构结构参数的自由度表达式是最初的计算自由度的理论依据，早期的表达式只能针对某些类型的平面机构，不具有通用性。G-K 公式虽然应用广泛，但只根据构件数目、运动副种类和数目做简单机构的自由度分析，没考虑虚约束数目对自由度计算的影响。因此这种方法对很多含有虚约束的古典机构及现代并联机构并不适用，容易得到错误的结论[90,91]。

(2) 基于机构运动约束方程的自由度计算

这类方法通过建立相对独立的约束方程，对矩阵方程求秩来分析机构的自由度。该方法在对结构复杂的机构建立运动参数方程时，难以建立矩阵方程，因此，方法的普及受到了限制。

Moroskine[92] 于 1954 年建立了一个新的表达式，用来衡量平面及空间机构的自由度：

$$M=N-r \tag{1.9}$$

式中，N 为构件的总数目；r 为建立的约束矩阵的秩。虽然公式在设计上是合理的，并且具有通用性，但实际上对 r 的分析有很大的难度。

Bagci[93] 于 1971 年提出了相互独立的机构自由度表达式：

$$M=M_0+D+M_c-M_p \tag{1.10}$$

式中，$M_0=b(m-1)-\sum^{r}(b-i)F_i$；$D$ 表示公共约束的总量；M_c 为多余环路约束的数量；M_p 则表示重复约束的总和。

Gogu[94-97] 提出了一种通过计算线性变换来计算机构自由度的分析思路，把各运动链的参数值替换为环路的自由度表达式，从而计算出机构的自由度：

$$M=\sum_{i=1}^{p}f_i-\sum_{j=1}^{t}S_j+S_p \tag{1.11}$$

式中，f_i 是自由度的数目；S_j 表示静平台空间度；S_p 为动平台空间度。

Angeles 和 Gosselin[98] 对耦合机构进行了研究，基于零空间维数矩阵求解了单环运动链以及多环复杂运动链机构的自由度。通过分析约束机构的自由度得出式 (1.12)，可以通过矩阵的零空间维度来评估机构或运动链的自由度，而且这种评估是唯一的。

$$M = nullity(\boldsymbol{J}) \tag{1.12}$$

式中，$\boldsymbol{J}$ 表示机构或运动链的矩阵，可以用来表示动力学特性。用这种方法计算机构自由度费时费力，最终得出的结果仅仅是一个瞬时的状态。

Thierry[99] 等对多环耦合机构深入研究，基于构件结构参数进行数值分析和建立实体模型，从而得出机构的自由度。

Rico 和 Ravani[100] 在 2007 年基于雅可比矩阵提出单环路特殊机构的自由度计算公式：

$$F = \sum f_i - r_c - r_{cc} + r_a \tag{1.13}$$

式中，r_c 为顺时针封闭矩阵的秩；r_{cc} 为逆时针封闭矩阵的秩；r_a 为顺时针封闭矩阵与逆时针封闭矩阵向量交集的一组基，作为矩阵的秩。

Jiang[101] 等提出了一种新的算法，用于计算空间复杂机构的自由度。该算法通过线性约束方程建立约束矩阵，引入并建立了一种联合约束矩阵，根据矩阵变换求解联合约束矩阵的秩。该方法通过对单环路的顺时针开环和逆时针开环求和并减去公共约束的约束数量，即可得到该机构的自由度。

(3) 基于群论、李代数法的机构自由度计算

基于群论、李代数法的机构自由度计算方法是将刚体的运动用李群、子李群或位移流形来表示，位移流形可以通过多个子群相乘得到，利用“群论”“李代数”等现代数学方法分析机构的自由度。

Herve[102,103] 在 1978 年利用位移子集群论的概念，确定出一个可以衡量系统自由度的表达式：

$$M = b(m-1) - \sum_{i=1}^{p} (b - f_i) \tag{1.14}$$

式中，b 为机构的空间维数；f_i 为运动副的空间维数。

基于 Herve 结合群论的自由度计算方法的启发，Fanghella 和 Galletti[104] 提出了可以用于计算简单运动链和特殊运动链的自由度计算方法：

$$M = \sum_{i=1}^{p} f_i - \min(co_{ii}, i = 1, \cdots, m) \tag{1.15}$$

式中，将闭环在第 i 个连杆处打断，这将导致原本的闭环变成开环，而开环中连杆的总和即为所求的 co_{ii} 的数值。这种表达式只能用于求解单环运动链，且只适用于提出的子群组合。

Gallardo 和 Ravani[105] 在 2003 年将方法进一步延伸，根据群论，提出了可以用于求解单环闭链机构的自由度：

$$M = \sum_{i=1}^{p} f_i - \dim[H_c(i,j)] - \dim[H_{cc}(i,j)] + \dim[H_a(i,j)] \quad (1.16)$$

式中，$H_c(i,j)$ 和 $H_{cc}(i,j)$ 表示连杆构成的复合子群参数；$H_a(i,j)$ 表示 i、j 两杆之间的绝对复合子群。通过李代数的子空间与子代数的交集，可以分析瞬时位置的约束，然后得到机构的瞬时自由度。

2010 年，Milenkovic[106] 结合李代数提出一种基于微分位移的单环路机构自由度计算方法：若运动链中的每个关节的李代数表达式在组成环路的运动交集张成的空间内，则一阶自由度方程的解可以保证所有高阶方程满足条件，且机构在发生所有路径切向的连续位移后仍旧是可以运动的。

(4) 基于螺旋理论的自由度计算

这类方法是基于螺旋理论来分析计算机构自由度，通过对运动支链螺旋系的分析，计算螺旋系矩阵的秩，然后通过矩阵的秩的螺旋特性来评估机构的自由度[107,108]。

Voinea 和 Atanasiu[109] 提出了针对单闭环机构自由度的公式：

$$M = N - r = N - (r_1 + r_2 - w_e) \quad (1.17)$$

式中，r 是螺旋系的阶数。针对复杂的机构，则提出：

$$M = N - \sum_{j=1}^{q} r_j + p_p \quad (1.18)$$

式中，r_j 是铰链螺旋系的阶数；p_p 是铰链的参数。

Waldron[110] 在 1966 年基于对螺旋理论的深入研究，针对单闭环机构的特点，提出一种新的表达式来分析机构自由度：

$$M = F - b \quad (1.19)$$

式中，F 是构成闭环的铰链数量；b 是公共约束。

Hunt[111] 于 1978 年提出了一个计算自由度的表达式：

$$m = b(m - p - 1) + \sum_{i=1}^{p} f_i \quad (1.20)$$

与 Hochman 建立的表达式有一定的相似之处，但是尚未指明对于 b 如何进行赋值。

黄真[112-114] 等人结合螺旋理论机构自由度计算方法，采用反螺旋的方式对常用的 Grübler-Kutzbach 公式进行了改进，以取得更加精确的自由度计算结果，分析并建立了修正的自由度计算表达式：

$$M = d(n - g - 1) + \sum_{i=1}^{g} f_i + v \quad (1.21)$$

式中，d 是机构的阶数，与其受到的公共约束 λ 有关，$d=6-\lambda$；n 是所有构件的总和；g 是所有运动副的总和；f_i 是第 i 个运动副的自由度；v 表示冗余约束的总和，对于单环机构 $v=0$。

Dai[115] 等使用螺旋理论作为机构自由度计算的有效工具，研究了一系列变胞机构的自由度，如具有 RT 运动副的变胞机构、由 Bnnentt 平面球面混合连杆构成的变胞机构等。Zeng[116] 等结合螺旋理论，建立了 GMSMs 分析方法，为一般多回路空间机构的运动分析提供了理论支持。Fang[117] 通过应用螺旋理论和数学分析方法，推导出单闭环过约束机构的分析思路，可以很好地分析单自由度机构。Kong[118] 在约束螺旋理论的基础上，建立了机构运动模态仿真和虚拟运动链的定义，同时对机构自由度做了计算。刘婧芳[119] 等通过分析多环耦合机构中耦合节点相对于机架的自由度性质，提出一种等效替代法，将多环耦合机构转化为并联机构，通过分析约束螺旋得到自由度数目和性质。曹文熬[120] 等基于螺旋理论，通过分析两层两环空间耦合机构的运动螺旋方程，建立耦合链耦合关系的数学模型，利用等效子并联机构的分支运动螺旋系线性组合的特点，计算耦合机构自由度。卢文娟[121] 等在螺旋理论的基础上，运用“广义杆组”和“基点参数”等概念，利用杆组参数矩阵计算机构的自由度，从而避免了虚约束的计算。

虽然基于螺旋理论的机构自由度分析方法是当前在计算机构自由度方面应用较为普遍的一种手段。但是，由于螺旋理论是瞬时运动层面上的数学工具，描述的是刚体的瞬时运动或力，得到的自由度结果也具有瞬时性，因此还需要通过几何条件等进一步判定是否为连续自由度。

(5) 基于几何代数的并联机构自由度计算

并联机构中的并联构件运动输出是由所有分支运动链相互约束而决定的。通过几何代数框架运动求交方法，建立几何代数参数的矩阵方程，可以直接计算出动平台上的运动空间，其所需的计算步骤和计算量要远少于约束求交方法，这样可以更直观地获取所有分支运动链末端的运动空间的交集。

Li[122] 等在 2014 年提出了几何框架下的少自由度并联机构自由度计算算法。该方法将运动空间与力空间的映射关系结合几何代数理论进行分析，根据几何代数内求出的数据建立自由度计算参数，提出了基于约束求并思路和运动求交思路的并联机构自由度计算方法。在计算过程中不需要求解符号线性方程组，就可以得到并联机构动平台输出运动空间和约束力空间的解析式。在过约束的处理上利用几何代数在向量发生线性相关时其外积为零的性质，提出了一种基于外积运算的线性相关判别和剔除规则。

Grassmann-Cayley 代数是具有特殊结构的一种几何代数，Staffetti[123] 等最早提出利用 Grassmann-Cayley 代数中的混序积，对各条运动链在空间的运动范围进行求交验算，从而算出运动输出平台在空间的推导式。然而，混序积只能对不含过约束的并联机构进行计算，存在局限性。Chai[124] 等对 Grassmann-Cayley 代数方法进行深入研究，结合运动链耦合等运动情况，建立了修正方法，可以分析过约束的并联机构。

(6) 其他机构自由度分析方法

针对计算机构自由度的方法许多学者做了大量的研究，除了上面提到的五种类型外，还有学者结合不同理论建立了不同类型的数学模型，本书也对这些方法进行了总结和比较，并分析其优缺点，具体如下。

Xu[125] 提出了一种旋转法则，将机构中连接构件的运动副看成无限距离的点，将机构的运动传递分解为基本单元，并且简化机构的基本运动杆组，最后根据几何特性分析机构的自由度。基于椭圆一致性的特点，Milenkovic 和 Brown[126] 结合机构设计尺寸的特性，验证了 Bennett 机构是唯一可运动的 4R 空间机构。Yang[127] 建立了用递推法计算平面机构自由度的新方法，也叫“完全断裂”法，通过采用最小二乘法计算两个平面相关机构的自由度。Lenarcic[128] 结合矩阵方程，针对机器人机械手的结构特点，建立了分析机构自由度的新方法，通过实例证明了该方法的可行性以及实用性，但方法特指某一类机构的自由度分析，也具有局限性。Xue[129] 基于可视化图形转换理论，建立了新型平面连杆式并联机器人动力学模型，不需要考虑机构中的公共约束线，降低了计算自由线总和，使分析方法更加简单明了。孙桓等[130] 基于直观法，通过建立坐标系，将各构件可能实现的独立运动做标记，确定机构的公共约束数目，代入公式计算机构自由度。张晓伟等[131] 提出低副高代的虚约束去除方法，对轨迹重合的虚约束在平面运动副中的存在情况进行分析，在不减少构件数量的情况下，采用将低副变成平面高副的方法，去除轨迹点的重合虚约束。

杨廷力等[132] 提出了基于方位特征集的机构自由度计算公式：

$$M=\sum_{i=1}^{m} f_i-\dim\{(\bigcap_{i=1}^{j} \boldsymbol{M}_{b_i})\cup \boldsymbol{M}_{b_{j+1}}\} \tag{1.22}$$

式中，$\boldsymbol{M}_{b_i}$ 表示第 i 条支路末端构件的 POC 集；$\boldsymbol{M}_{b_{j+1}}$ 表示第 $j+1$ 条支路末端构建的 POC 集。基于 POC 集的机构自由度计算公式适用于并联机构和多回路空间机构。基于拓扑结构设计方法（POC法）对耦合机构进行拓扑特性分析，在自由度计算公式中减去相应的“耦合次数”，从而得到多环耦合机构的自由度。

黄勇刚[133] 把分支运动链和反螺旋理论结合起来，通过引入反旋矩阵建立多目标优化问题模型，并给出了求解方法。在满足约束条件的情况下得到了各构件尺寸的最佳解，检验了支链约束和回路约束对自由度的影响以及支链耦合特性。张少渤[134] 将构件之间的关系进行建模，从而建立了多环机构的仿真模型，并以此为基础，通过对给定位置点的加速度和角速度响应曲线及相应位移-时间历程曲线图的分析，可以准确地判断出在某一时刻机构是否发生碰撞或干涉，得出了平面单自由度多环机构传递特性的评价机制。这对于进一步研究该类结构动力学问题具有重要意义。杨恩霞[135] 等运用递推法进行自由度分析，这种方法摆脱了对运动副的依赖性，使其可以任意选择和组合，从而提高自由度计算效率，而且还能考虑各构件之间相互作用的影响，更符合实际情况，便于应用于工程实际中。郭卫东[136] 等人提出运动副的新概念，将高副与低副重新定义归类，建立识别机构中虚约束的判断方法。通过将机构中的运动副进行研究分类，对G-K公式进行了改进，基于运动副约束特性分析，为平面机构自由度的计算提供了理论依据。韩青[137] 等人提出了一种新的通用公式，用于计算平面机构的自由度，其依据是构件的输入和输出运动之间的关系，而且在不考虑低副和复合铰链的情况下，该公式可以直接分析计算。孟祥文[138] 等提出的新公式，是用参数 λ 来替换平面机构的局部自由度和虚约束，计算平面机构的自由度的重点转化为对参数 λ 的准确判断。张一同[139,140] 等基于虚拟环路公共约束表示，构建出新的自由度公式，以此来解决虚约束的分析计算问题。但该方法未考虑到各子域中存在不同方向上的独立运动分量之间的相关性，且在处理同一结构时需要采用相同数目的子空间或求解相应数量的参数化方程，导致该方法还需继续完善。卢文娟[141] 等将神经生物学中的概念映射到多环耦合机构，进而利用神经生物系统的结构组成，建立多环耦合机构的拓扑结构，然后将神经细胞间的互联原则应用到运动副中，建立运动副在3种互联原则下的输出运动计算法则，并引出多环耦合机构中的兴奋与抑制作用。其次基于神经细胞间的互联原则和信息传递原则，建立将多环耦合机构分解成独立运动模块的3种解耦模型和4个解耦规则，提出将独立运动模块转化为广义串联支链、耦合机构转化成并联机构，从而进行自由度求解。王晓慧[142-144] 等就工件在夹具中的自由度问题进行探讨，把工件在夹具中的定位简化为几个接触（约束）点，根据约束点处的公法线数量及其几何关系建立了判断工件自由度与过约束的几何定理，使工件自由度分析的原理与方法更加科学严谨，有效提高了工件在夹具中自由度与过约束的判断效率与准确性。

1.3 机构自由度计算中问题的剖析

上面所列出的各种计算机构自由度的方法从不同角度完善了机构自由度计算方法，从理论上解决了自由度计算的众多问题，但这些方法由于其复杂性和通用性方面的问题，直到目前为止并未在教学与实际生产中得到广泛推广，主要有以下两个原因。

(1) 未明确运动副对构件自由度性质产生约束的形成机理

在机构自由度分析中，仅单纯地通过构件数量和运动副的数量进行机构自由度数目的计算，已经不满足现在的分析要求，还要明确机构自由度性质的约束形成机理。当改变机构中某一构件的运动副类型时，自由度数目相同，但不能快速推断相关构件自由度性质的变化。如图 1.6 中的两个机构，只是构件 1 与构件 3 连接的运动副由转动副变为移动副，构件 3 的移动自由度变为转动自由度，如用 G-K 公式，计算得到的机构自由度数目都是 1，但构件 2 自由度性质发生的变化，却无法辨别。

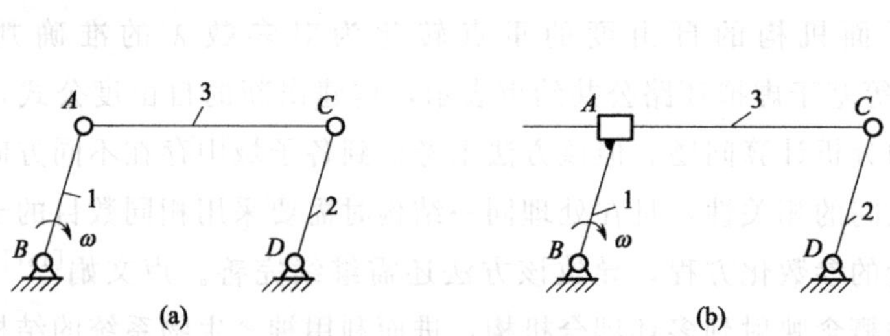

图 1.6 平面四杆机构

(2) 未明确某些机构中虚约束的形成机理

现有计算机构自由度的方法大都采用解析法，对于已经被认识的虚约束，只是采用解析法识别，对几种特定的几何条件进行虚约束判断，并没有对虚约束在机构中形成的规律进行研究，这必然导致方法的局限性。如图 1.7 中的三种铰链机构，三根杆件长度必须相等且杆件平行时机构可以运动的原因尚不明确。但目前的理论尚不能直观地解释为何在此类机构中会产生虚约束，也不能清楚地说明机构几何条件的变化如何影响机构的自由度性质。

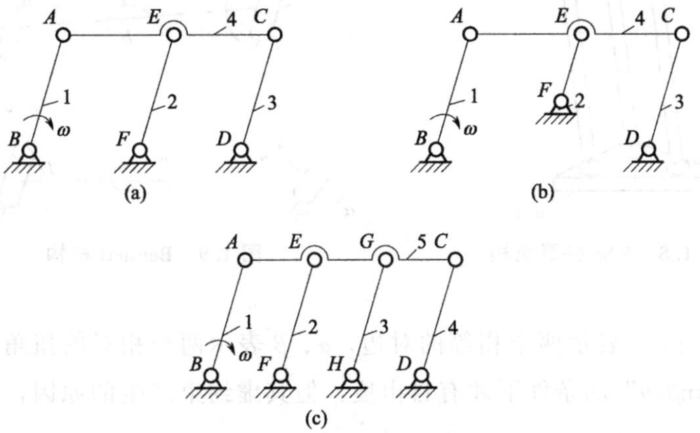

图 1.7　过约束与虚约束的差异

上述两个没有明确的机理会给机构自由度计算带来如下问题：

① 建模及分析过程复杂：其一，对于目前很多自由度计算方法，建立计算模型的过程复杂，计算工作量也很大，有的甚至利用软件也难以解决；其二，反映自由度各种特征的参数大都隐含在方程或矩阵中，不能直观地反映各个机构自由度的特征，增加了分析与理解的难度。

② 方法的局限性：鉴于自由度计算的重要性和复杂性，相关学者进行了大量研究，其中有较大影响的自由度计算公式就有三十多种，每个公式都有其局限性，应用不当就会导致计算错误。法国 Gogu 教授 2005 年曾收集了不能正确计算自由度的机构实例，后称为“G-G 问题”，到现在依旧没有方法可以准确计算得出自由度，因此他认为多年来推出的“普适性机构自由度计算方法”只是相对普适性。

③ 当机构中构件变化时，对机构自由度及其性质的变化规律的影响难以分析：如图 1.8 所示的 3-SS 并联机构，当中间杆的数量增加或各个杆的长度不相等时，机构自由度及其性质如何变化，现有方法很难直接分析。

④ 构件尺寸与角度变化对自由度的影响难以分析：现有方法中，机构中的主要尺寸与角度关系都隐含在方程和矩阵中，哪些构件的哪些尺寸与虚约束相关难以直观判断。

例如图 1.9 中的著名古典机构——Bennett 机构，需要满足几何关系：在机构闭合形成运动环时，对边长度要相等、扭角要相等，并且对边和扭角的正弦值成正比。

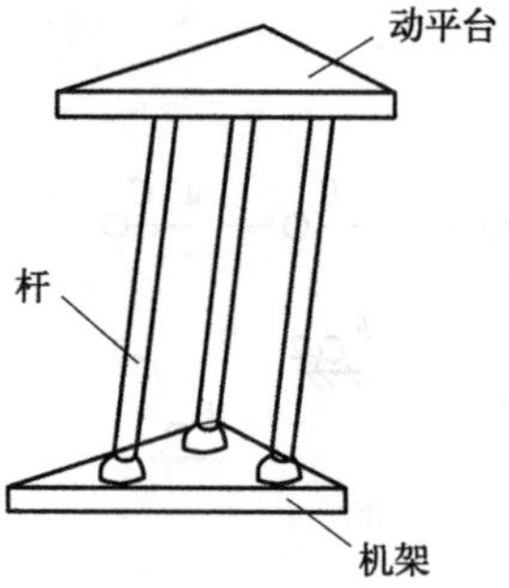

图 1.8　3-SS 并联机构

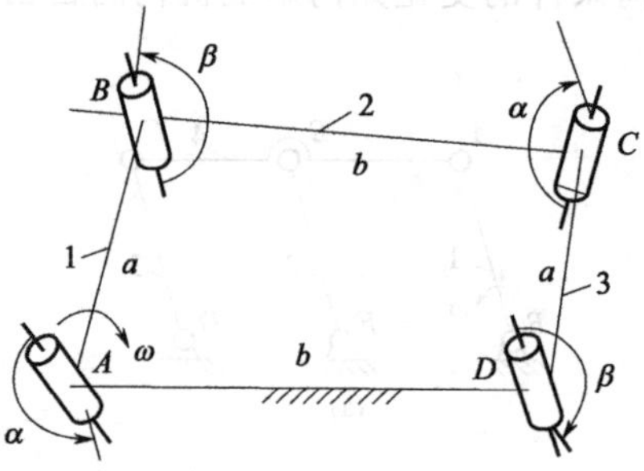

图 1.9　Bennett 机构

如果用 a、b 表示两个相等的对边，α、β 表示两个相对的扭角，则在满足“$\sin\alpha/a=\sin\beta/b$”的条件下才有自由度，但其虚约束产生的原因，却是分析的难点。

1.4　本书的编写思路与内容技术路线

机构自由度是机构中的构件具有独立运动的数目，因此必须搞清楚机构中有运动副关联的构件之间独立约束的数量与实际约束运动的数量、独立提供运动的数量与实际运动的数量之间的关系，在此基础上建立它们之间的数量平衡方程就可以得到构件独立运动的数量，即构件的自由度。本书采用图形法，通过约束法线的数量及构件之间的几何关系可以准确判断机构的虚约束的位置和数目。该方法不仅可以准确计算出机构的自由度，而且可作为机构设计的理论依据。

以机构中并联构件为具体研究对象，根据约束法线的分布及其几何关系的分析，确定构件在各个约束点上的约束性质，根据这些约束性质的连续性，分析判断过约束是否为机构中的虚约束；此外，基于约束法线几何定理对虚约束的判定，推导出一个具有普适性的计算机构自由度的通用计算公式。通过建立机构自由度、各构件自由度总数量、各构件之间实际约束自由度的总数量三者之间的平衡方程，得到一种约束关系明确的机构自由度计算公式及方法，为机构自由度计算方法研究和复杂机构的自由度分析开辟一条新途径。本书主要内容包括：

第 1 章对机构的发展及其自由度分析方法的研究现状进行归类分析，简要概括了自由度计算的起源、发展和现状，分析了机构自由度计算中存在的问题，阐明了虚约束的形成原因。

第 2 章将刚体的几何约束简化成若干个点约束，刚体的自由度与过约束完全取决于各约束点处的法线数量及其几何关系，由此建立了一组判断刚体自由度及其性质、过约束及其数量的几何定理，判断刚体自由度与过约束。

第 3 章把机构中的运动副简化为静约束点与动约束点，通过法线表达了运动副对构件的约束性质。建立了静法线与动法线的判定规律，将运动链从约束点传递出去的法线划分为静法线和动法线，建立了动法线、静法线对并联机构自由度约束的几何判定定理、过约束判定定理，并得到验证，形成一种较为完善的约束法线几何判断定理。

第 4 章重新定义了虚约束的概念，以及分析虚约束在机构中产生的原因，探究了虚约束与过约束之间的关系，即机构中某些构件存在过约束是虚约束形成的必要条件。引入速度瞬心的理论，为判断机构速度匹配提供了一种新的方式，并且发现了形成虚约束的三个必要条件，进而提出了一种用于判断虚约束和过约束构件速度匹配的方法。通过机构的构件数量、全部运动副的法线数量以及虚约束法线数量推导出计算机构自由度的通式，将相关参数代入公式即可求解机构的自由度，以此为基础建立了一种通用的机构自由度计算的新方法。

第 5 章以典型的平面机构为例，用基于约束法线的平面机构自由度分析方法对其进行自由度分析，该方法对于有虚约束的机构，可以准确识别判断虚约束的产生原因和约束性质以及虚约束的数量，表明该方法可以克服虚约束给机构自由度分析计算带来的困难，能有效应用于机构的自由度分析。

第 6 章为基于约束法线的空间并联机构自由度分析计算，是在第 5 章的基础上，又将基于约束法线的平面机构自由度分析方法的应用范围进一步推广到空间并联机构。将空间机构上构件间对自由度的约束，转化为约束法线的几何关系。根据约束法线的判定定理，结合法线数量与类型、几何关系所建立的几何定理，能方便准确地判断机构中任意构件的自由度及性质、过约束及其数量。

第 7 章是基于约束法线对空间耦合机构自由度分析计算，特别是针对多环路耦合机构，提出一种简化杆组的方法，从而准确分析计算出耦合机构末端动平台的自由度。该方法简单直观，可有效克服因运动链耦合带来的自由度分析困难，为此类机构的自由度分析建立了新的分析计算方法。

图 1.10 是本书的研究路线图。首先，将机构中的各个运动副对构件的约束等效成若干个约束点上的法线分布，按照约束点是否与机架有相对运动，将约束点上对应的法线分为静法线和动法线，建立法线传递规律，将每一类法线从每个分支传输到并联构件。根据静法线、动法线的几何定理，分析每一条支链对并联构件产生的约束性质，判断并联构件是否存在过约束，并计算其过约束法线的数

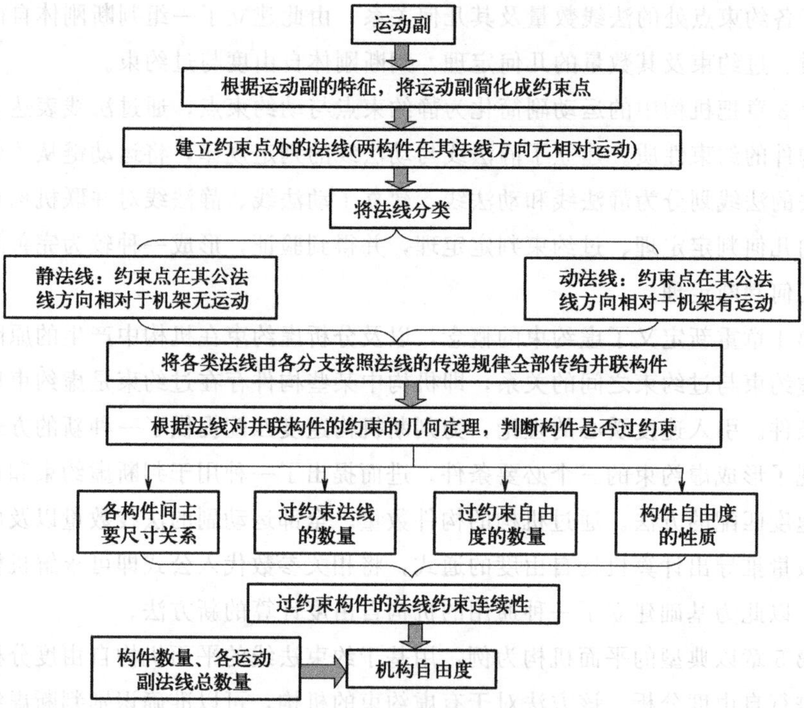

图 1.10　本书的研究路线图

量。对过约束构件在约束点的约束法线进行几何关系分析，根据速度匹配分析判断过约束的连续性，以确定机构中虚约束的数目。将机构中构件、运动副以及虚约束等参数代入机构自由度平衡方程，求得机构自由度。

1.5　本章小结

本章介绍了机构的发展状况与趋势，研究了从最早建立自由度计算公式至今经历的近200年时间内，众多学者对于机构自由度计算方法的探索过程，指出了机构自由度的重要性，并对前人的研究成果进行总结整理。在这些研究的基础上，剖析机构自由度计算中出现问题的原因，并提出了基于约束法线几何定理的机构自由度计算方法，确定了本书的研究路线图。

CHAPTER 2

第2章 判断刚体自由度的几何定理

移动和转动是刚体最简单的运动形式，复杂的刚体运动可以通过这两种基本运动的组合来实现。而刚体不论以何种几何形状在参照物上定位，都可视作若干个定位点，我们将定位点的公法线称为法线。根据定位点处法线的数量及其几何关系，建立一组判断刚体自由度及其性质、过约束及其数量的几何定理，使刚体自由度分析的原理更加严谨，有效提高刚体自由度分析的效率和准确性。

2.1 刚体的运动方式

刚体的运动方式为平动，也就是移动，其上的任意直线在运动过程中始终保持与起始位置平行的状态。如图 2.1 所示，刚体发生位置变化，在刚体上的任意两个点形成的连线 AB 与位置变化后的直线 $A'B'$ 始终平行，或者刚体上各点的运动轨迹不变，这样的运动称为平动。

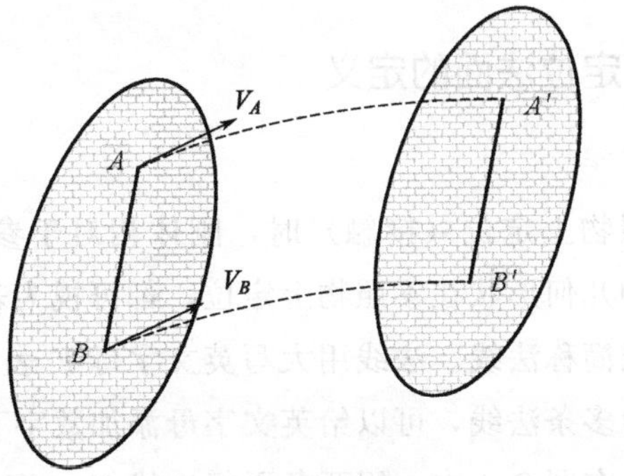

图 2.1 刚体的平动

在机械设备中，常看到一些定轴转动的构件，例如齿轮和传动轴。刚体在绕固定轴线运动时，其内部或延伸部分的某条直线上的所有点保持不变，这种运动称为刚体的定轴转动，而保持不变的这条直线称为转轴。除了刚体转轴上的点，其余各点都在绕着轴线进行环形运动。刚体在绕固定轴线转动时，与瞬时轴线重合的部分在转动过程中线速度为零，这就是刚体的速度瞬心。若在某一时刻刚体的速度瞬心不存在，那么此时刚体的运动只能是瞬时平动，而不是转动，这是因为它的速度瞬心不在无穷远处。

刚体绕 O 点转动时，其转轴为与刚体垂直的经过 O 点的直线。圆盘形刚体在 A 点、B 点处的速度分别为 V_A、V_B，此时刚体的瞬心位于 O 点，如图 2.2 所示，此时刚体正在做瞬时转动。

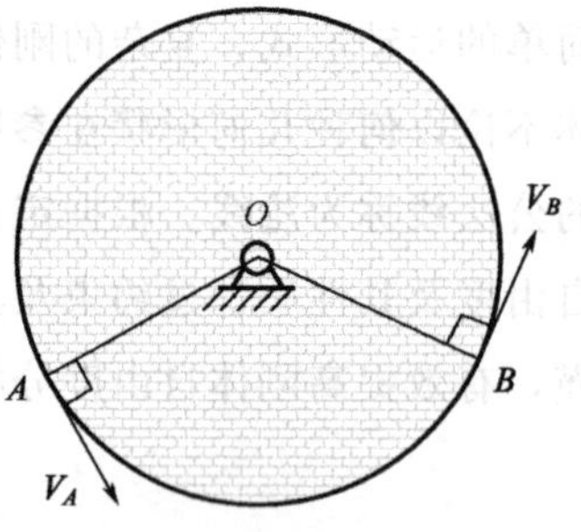

图 2.2　刚体的转动

众所周知，任何一个处于空间直角坐标系中的刚体，若没有外部约束，其位置将不可确定，共有六种可能的运动，分别是沿 X、Y、Z 三个直角坐标轴方向的移动和绕这三个坐标轴的转动，如图 2.3 所示，可以说这种刚体是“自由”的。因此，要知道刚体的具体位置，就需要通过建立相应的约束，去除刚体的 6 个自由度，通常用六个约束点来限制关键的 6 个自由度，一个约束点限制一个自由度。

2.2　定位法线与定位法面的定义

当刚体在其参照物上定位（接触）时，刚体相对于参照物的自由度就会减少。无论刚体以何种几何形状在参照物上定位，都可视为若干个点定位，我们将这些接触点的公法线简称法线。法线用大写英文字母 F 表示。

若约束点简化为多条法线，可以给英文字母添加数字下标作为区分，以此说明是某个方向法线。在图 2.4 中，用两条平行法线 F_1、F_2 表示参照物在接触点

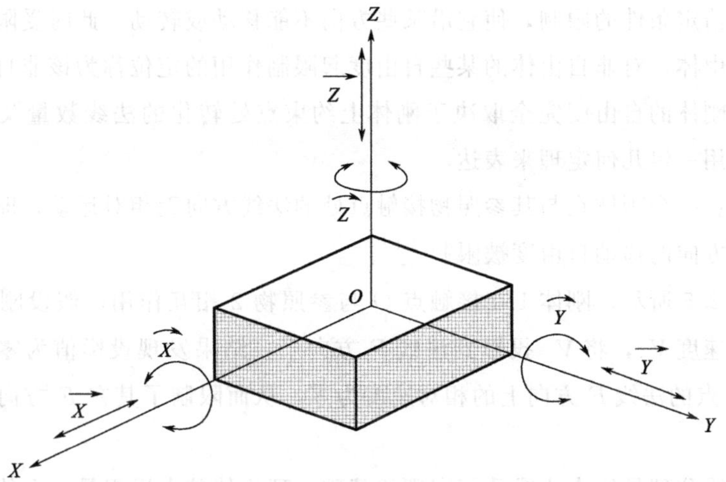

图 2.3　刚体的六个自由度

对刚体产生的约束，把法线的建立统一规定为：从接触点起始，方向垂直于接触点的公切线，由参照物指向刚体，如 F_1、F_2 所示。

若两条或多条法线处在同一平面，则称该平面为这些法线的法平面。法平面的表示方法：法平面用希腊字母表示，若一个工件有多个法平面且互相是平行的，则需用同一个希腊字母表示。为了能够表达定位法平面的特征，可以在字母后面添加括号，并且在括号内标注法平面内的所有约束定位法线。图 2.4 中，刚体的两条平行法线可以表示为 F_1、F_2，则它们构成的法平面可用 $\alpha(F_1F_2)$ 表示。

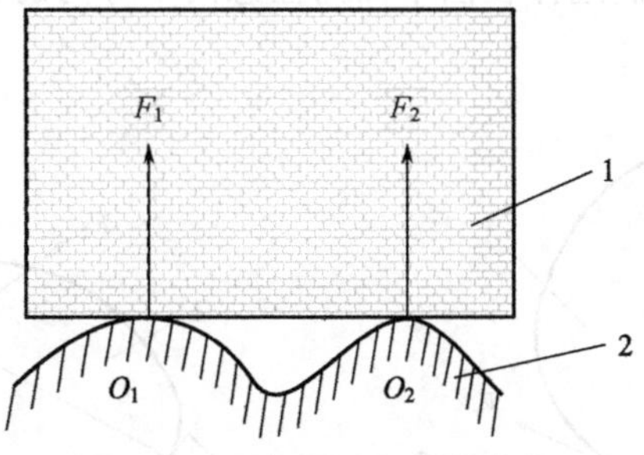

图 2.4　刚体的平行约束法线

2.3　判断刚体自由度与性质的几何定理

刚体在空间如果不受任何限制，此时的刚体称为自由体。相反，有些刚体受到了预先给定条件的限制，使它沿某些方向不能移动或转动，此时受限制的刚体称为非自由体。对非自由体的某些自由度起限制作用的定位称为该非自由体的约束。一个刚体的自由度完全取决于刚体上约束点处转化的法线数量及其几何关系，它可用一组几何定理来表达。

公理：一个刚体在与其参照物接触点处的法线方向无相对运动，即刚体在约束点法线方向的移动自由度被限制[145]。

如图 2.5 所示，刚体 1 在接触点 O 与参照物 2 相互作用，假设刚体 1 在 O 点有相对速度 V_r，将 V_r 投影到法线 F 方向上，结果发现投影值为零，说明刚体 1 在 O 点的法线 F 方向上的相对速度为零，从而限制了其在 F 方向上的移动自由度。

单法线公理是约束法线几何定理的基础，理论的基本思想是一个约束点产生一条约束法线，刚体自由度的数量取决于刚体上约束法线的数量及其几何关系。

定理 1：两相交法线定理。若一个刚体上有两条交于一点的法线，则在交点处可等效成法平面内任意两条不共线的法线，它们限制该刚体在法平面内任意两个方向的移动自由度。

证明：图 2.6 中，刚体 1 与参照物 2 有 A、B 两个接触点，其两条法线相交于 O 点，设在 A、B 两个接触点的相对速度分别为 V_1、V_2，则交点 O 一定是刚体的速度瞬心。由于瞬心在法平面内任何方向的速度都等于 O，因此这两条法线 F_1、F_2 能够在交点 O 处等效成法平面内任意两条不重合的法线，例如可等效成法线 F_3、F_4，它们限制刚体在法平面内任意两个方向的移动自由度。

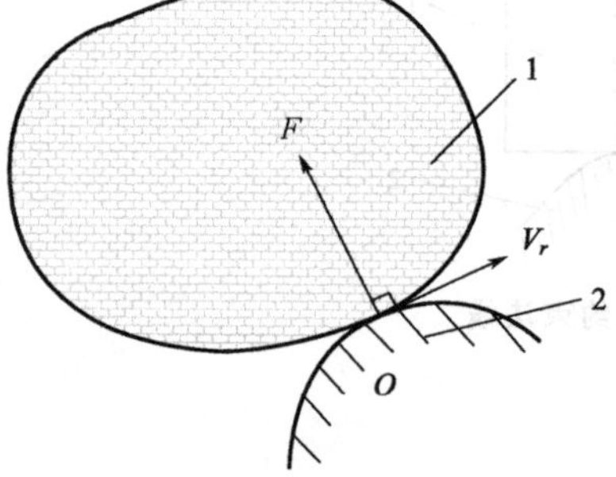

图 2.5　单法线公理

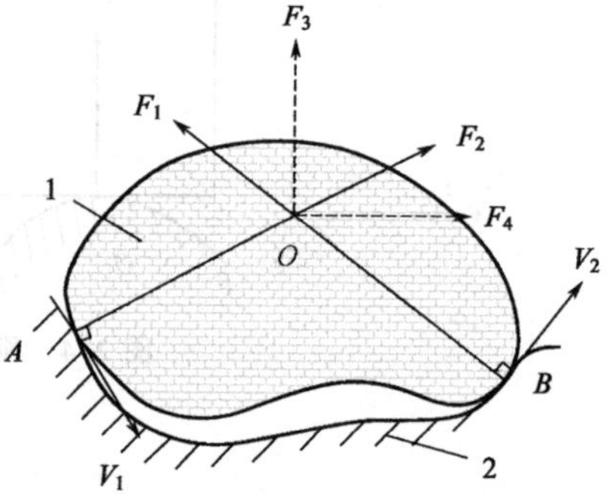

图 2.6　两相交法线定理

两相交法线定理从理论上讲是单法线公理的一个拓展。在分析应用中，对于刚体的复杂约束，刚体的约束法线在空间内的几何关系是复杂的，通过使用该定理的等效形式可简化对刚体定位状态的判断过程，这点在后面章节机构自由度分析中有着重要的作用。

定理 2：两平行法线定理。刚体上的两条平行法线，限制刚体在法线方向的移动自由度以及法平面内的转动自由度。

证明：图 2.7 中，刚体 1 在接触点 O_1、O_2 上有两条平行法线 F_1、F_2，则刚体 1 在 O_1、O_2 上的瞬时相对运动速度 V_1、V_2 平行，则相对转动的瞬心在法线方向的无穷远处，因此刚体在法线方向移动自由度被限制的同时，在法平面内也不能转动，刚体只有沿相对速度方向的移动自由度。

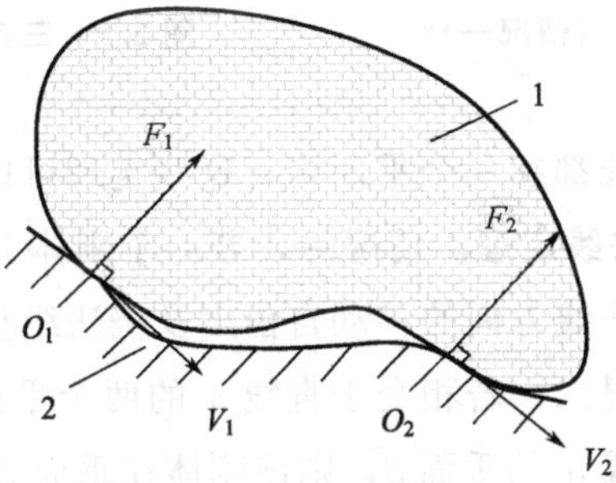

图 2.7　两平行法线定理

两平行法线定理是判断刚体转动自由度的基本定理，在实际判断刚体转动自由度限制情况时，可结合两相交法线定理的等效形式便捷地对刚体的转动自由度进行判断。

定理 3：三互交法线定理。若一个刚体在一个平面内的三条法线不交于同一点，则刚体在该平面内两个方向的移动自由度、平面内的转动自由度均被限制，即刚体在法平面内的 3 个自由度全部被限制。

证明：三条法线不交于同一点有两种情况。

情况一：刚体上有一对平行法线 F_1、F_2 与另外一条法线 F_3 相交，如图 2.8 所示。由定理 2 可知，一对平行法线 F_1、F_2 限制刚体法线方向的移动自由度与法平面内的转动自由度，另外一条法线 F_3 限制另外一条法线方向的移动自由度。这样刚体在该平面内两个方向的移动自由度、平面内的转动自由度均被限制，即刚体在法平面内的 3 个自由度全部被限制。

情况二：平面内的 3 条法线 F_1、F_2、F_3 两两相交，如图 2.9 所示。根据定理 2，在任意两条法线的交点处都可将其中的一条法线等效成与另外一条直线平行的直线，如法线 F_1、F_3 在交点 O_1 处可等效为法线 F_4、F_5，且法线 F_4 与法线 F_2 平行，这就等同于情况 1，刚体在平面内的 3 个自由度全部被限制。

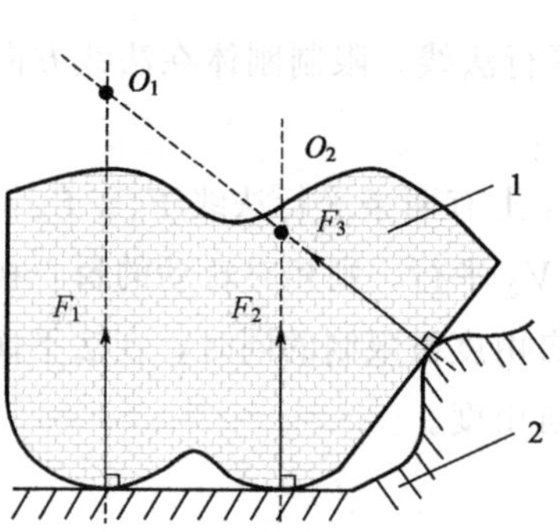

图 2.8　三互交法线定理（情况一）

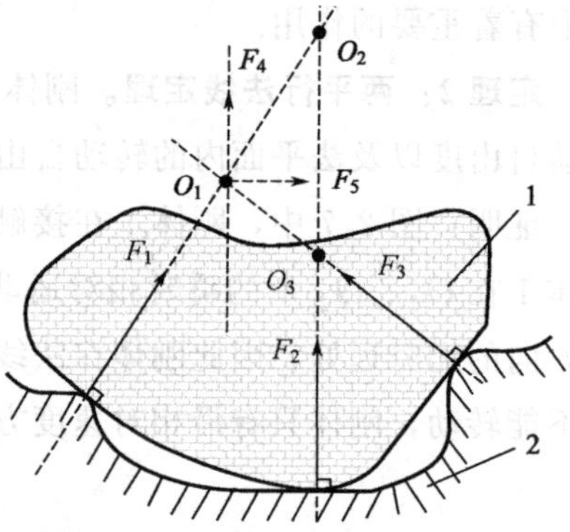

图 2.9　三互交法线定理（情况二）

以上 3 个定理的法线都在一个平面内，这些定理可以推广到空间。

定理 4：空间平行法线定理。情况一，若一个刚体上有三条不在同一平面内的平行法线，则刚体沿法线方向的移动自由度及绕法线垂直面内任意两条直线的转动自由度被限制；情况二，若相交于直线 a 的两个平面内各有一对平行法线，且平行法线都平行于直线 a 的垂面 β，则该刚体在垂面 β 内任意两个方向的移动自由度及绕垂面 β 内任意两条直线的转动自由度被限制。

证明：情况一，根据定理 1，两条平行法线限制刚体在法线方向的移动自由度以及一个法平面内的转动自由度，同理，另一条法线必然限制另外一个法平面内的转动自由度。情况二，由于刚体在垂直于 β 面方向没有约束法线，根据定理 1 与 2，刚体在直线 a 方向的移动自由度及 β 面内的转动自由度未被限制，其余 4 个自由度均被限制。

定理 5：空间相交法线定理。若一个刚体上有三条不共面的法线交于一点，则在交点处可等效成任意三条不共面的相交法线，约束该刚体在空间任意三个不共面方向的移动自由度。

证明：图 2.10 中的球体 1 在参照物 2 上定位，参照物与球表面有 3 个接触点且它们的法线不在同一平面，对应的三条法线又共同交于球心 O，O 也是球体的瞬心，在空间任意方向的速度都等于 0，因此这三条法线在球心 O 点可等效成任意三条不共面的法线，例如法线 F_4、F_5、F_6，它们限制刚体在空间 3 个方向的移动自由度。

定理 6：法线的集合定理。刚体上法线的数目和几何关系是决定刚体自由度限制的集合。在非过约束的情况下，刚体上法线的数量就是刚体自由度被限制的数量。

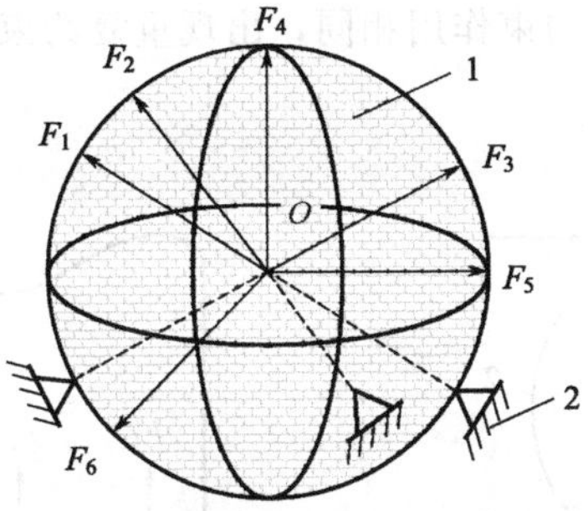

图 2.10　空间相交法线定理

在一个刚体上往往有不同数量及几何关系的法线，其组合形式众多，利用集合定理可以方便地判断刚体在不同约束条件下的自由度。例如，若某刚体上有三条异面法线，则刚体的 3 个移动自由度全部被限制；若某刚体有三条不共面且交于一点的法线，同时还有另外三条异面法线，则该刚体 6 个自由度全部被限制。

2.4　判断刚体过约束的几何定理

若一个刚体的某个自由度被重复约束，则称该刚体的这个自由度过约束。无论在直线、平面或空间，凡法线的数量超出上述几何定理中的法线数量一定会形成过约束，因此可以得到以下几何定理：

定理 7：刚体在直线上的过约束判断。若一个刚体上有 $n(n>1)$ 条法线重合，则该刚体在其法线方向移动自由度过约束，过约束的数量为 $n-1$。

证明：如图 2.11 所示，参照物 1 在约束点 O_1、O_2 处产生的两条约束法线 F_1、F_2 重合，都是限制刚体 2 在 Y 方向上的自由度，出现重复约束，刚体 2 有一个过约束。

定理 8：刚体在平面内的过约束判断。①若刚体的某平面内有 $n(n>2)$ 条平行法线，则该刚体在该法平面内过约束的数量为 $n-2$；②若刚体的某平面内有 $n(n>2)$ 条交于一点的法线，则该刚体在该法平面内的移动自由度过约束，过约束的数量为 $n-2$；③若刚体的一个平面内有 $n(n>3)$ 条法线不交于同一点，则刚体有 $(n-3)$ 个过约束。

证明：如图 2.12 所示，参照物 2 通过五个约束点作用于构件 1，在五个约束点处产生五条平行静法线共同作用于刚体 1，根据定理 2，任意两条平行静法线已经限制刚体 1 沿法线方向的移动自由度和平面内的转动自由度，而多余的三条平行静法线对刚体 1 的约束作用相同，出现重复约束，刚体 1 有三个过约束。

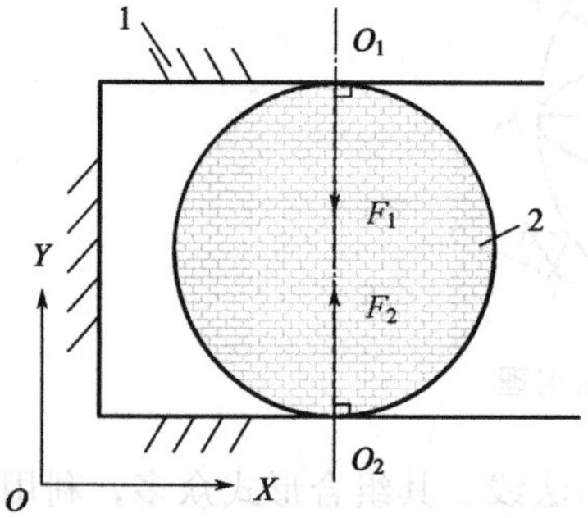

图 2.11　静法线共线过约束

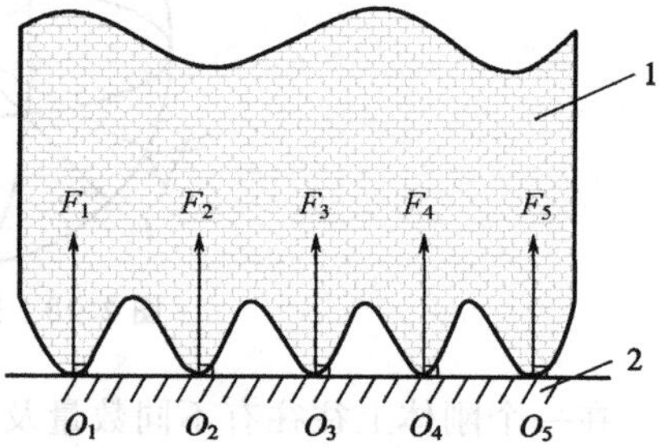

图 2.12　平行静法线过约束

如图 2.13 所示，参照物 2 在圆形构件 1 的外侧，在五个约束点产生五条相交于 O 点的静法线，根据定理 3 可知，两条相交静法线可以使平面内任意方向的两个移动自由度被限制，多出的三条相交法线约束作用相同，为刚体 1 在平面内的过约束。

分析如图 2.14 所示的情况可以发现，刚体 1 受到参照物 2 的四个约束点作用，产生四条相交于不同点的静法线。根据定理 3，刚体 1 上任意三条相交于不同点的法线都可等效为两条平行静法线与另一条静法线相交。例如静法线 F_1、F_2、F_3，根据定理 2 可得，平行静法线 F_1、F_2 约束构件在法线方向的移动自由度和平面内的转动自由度，另一条静法线 F_3 约束平面内的另外一个移动自由度。这样，刚体 1 在平面内的三个自由度已经完全被约束，多出的静法线 F_4 为刚体 1 的过约束。

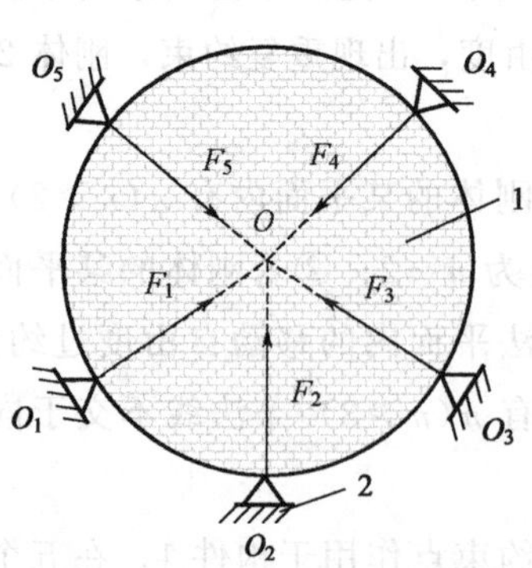

图 2.13　相交于一点静法线过约束

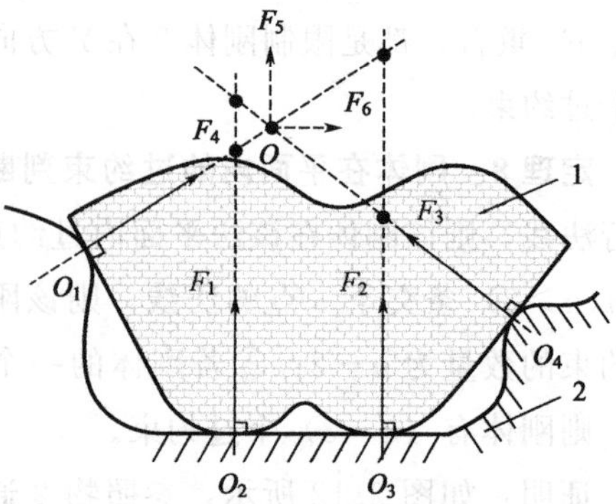

图 2.14　相交于多点静法线过约束

要说明的是，刚体因多条平行法线引起的过约束，其约束性质无法确定。因为多一条平行法线可以看成是法线方向的移动过约束，也可以看成是平面内平行法线对转动自由度的过约束。

定理 9：刚体在空间的过约束判断。①若刚体上有 $n(n>3)$ 条异面法线，则刚体有 $n-3$ 个移动过约束；②若刚体上有 n 条平行法线，且这些法线不在同一平面内，则该刚体有 $(n-3)$ 个过约束；③若相交于直线 a 的两个平面内共有 n 条法线，且这些法线都平行于直线 a 的垂面 β，则垂面 β 内有 $(n-4)$ 个过约束。

证明：如图 2.15 所示，参照物 2 通过五个约束点作用于构件 1，5 条不共面约束法线相交于圆心 O 处，根据定理 5 可知，若刚体 1 上有三条不共面的法线交于一点 O，则在交点处可等效成任意三条不共面的法线，约束该刚体在空间任意 3 个不共面方向的移动自由度，其余两条约束法线产生两个过约束。

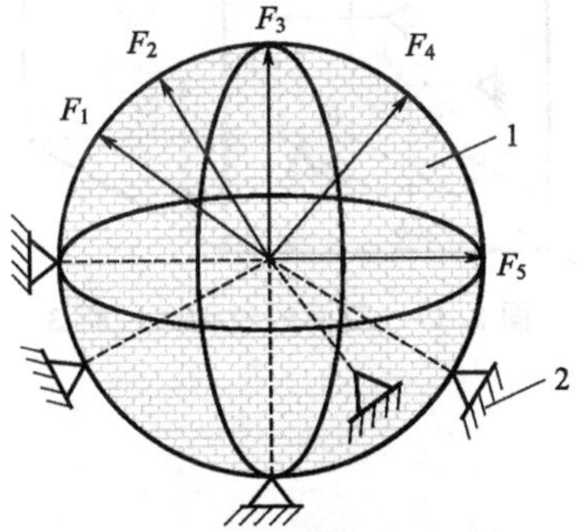

图 2.15　空间的过约束判断 1

如图 2.16 所示，参照物在 XOY 平面上有五个约束点，产生五条平行于 Z 轴的不共面约束法线，根据定理 4 可知，若刚体上有三条不在同一平面内的平行法线，则刚体沿法线方向的移动自由度及绕法线垂直面内任意两条直线的转动自由度被限制，多出的两条法线为过约束。

如图 2.17 所示，在相交于 X 轴的 XOY 与 XOZ 平面内分别有三条平行于 YOZ 平面的不共面约束法线，根据定理 4 可知，法线 F_1、F_2、F_3 约束刚体在 Z 方向的移动自由度以及分别绕 X、Y 的转动自由度。

同样根据定理 4，法线 F_4、F_5、F_6 约束刚体在 Y 方向的移动自由度以及分别绕 X、Z 的转动自由度，可以看出，绕 X 轴的转动自由度有一次重复约束，产生一个过约束。

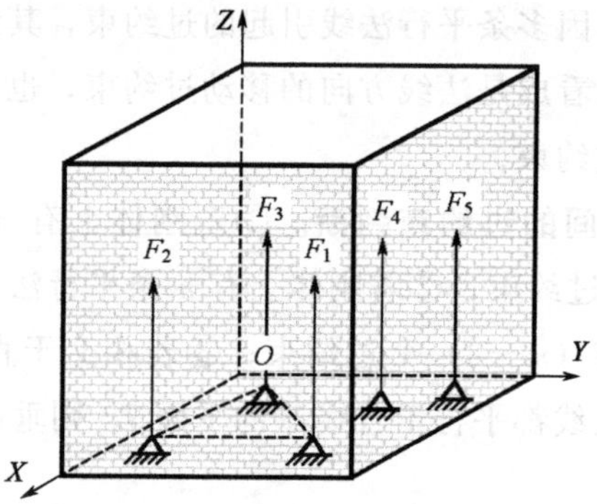

图 2.16 空间的过约束判断 2

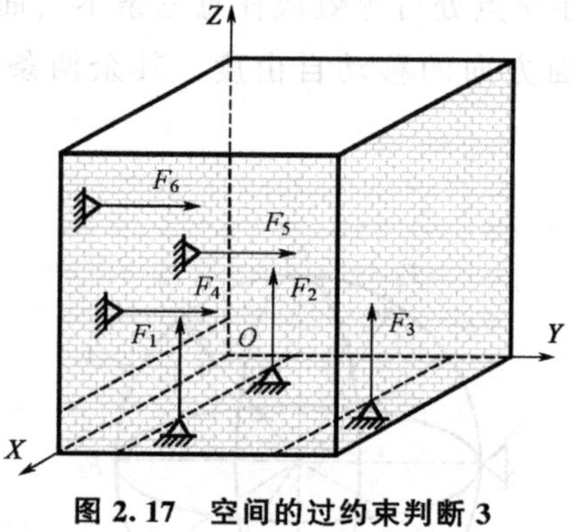

图 2.17 空间的过约束判断 3

2.5 本章小结

本章提出了约束法线和约束法平面的概念，建立了判断刚体自由度的几何定理，包括单法线公理、两相交法线定理、两平行法线定理以及三相交法线定理，并把这些定理用于判断刚体所受约束的情况，以此来判断刚体的自由度性质。以本书所提理论为依据，提出了判断刚体过约束的几何定理，为分析机构中的虚约束问题提供理论基础。本章所提出的这些定理对刚体自由度分析有着重要的指导意义。

CHAPTER 3

第3章 构件的自由度与过约束分析

任何机构都是由多个构件组合而成，其中一些构件可以单独运作，而另一些则需要和其他构件协同配合才能发挥最大效用。机构中每一个独立运行的单元体称为一个构件，构件通过运动副连接，而两个构件上能够接触而构成运动副的表面是构件产生相互作用的约束面，组成机构的各构件通过运动副产生约束，从而限制构件的自由度。在特定的几何条件情况下，机构中某些运动副对构件自由度的约束往往是重复的，则这些构件过约束。但这些约束对机构的自由度实际上并未真正起到约束作用或不起独立的限制作用。因此准确分析机构中构件上被约束的，甚至过约束的自由度性质，是得到机构自由度正确结果的必要条件。

3.1 并联构件

两个或两个以上的运动副同时约束某一构件，称该构件为并联构件，图 3.1 为一般并联机构的拓扑图。图 3.1 中的并联构件 1 受到两个运动副的约束，并联构件 2 受到三个运动副的约束。尤其是在两个分支构成的闭环机构中，任意构件都可视为受到两个运动副的约束，该情况下任意构件都可看成并联构件，见图 3.1 中虚线框内的机构。

串联机构中没有并联构件，并联机构中仅有一个并联构件，耦合机构中也可有多条共同连接的运动链，称为耦合构件。并联构件的可动性取决于其共同作用的运动副，多条运动链闭合时机构中的过约束由其相关的约束条件来决定。最基本的方式是串联分支链形成闭环机构，在并联构件上产生了过约束。因此准确分析并联构件、耦合构件的自由度是机构自由度分析的重要环节。

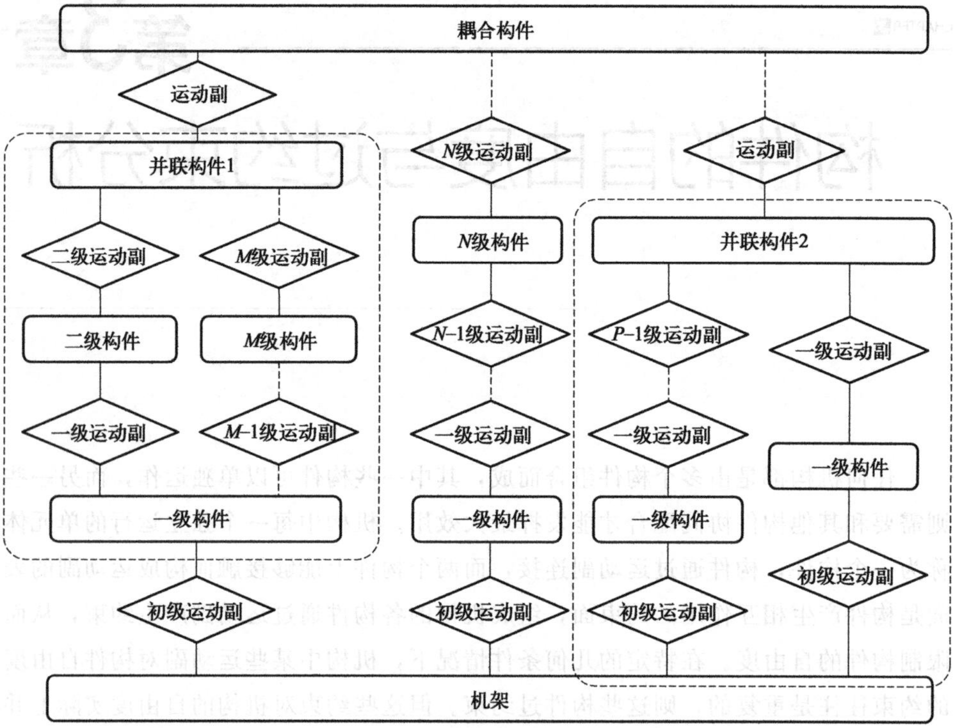

图 3.1　并联机构的拓扑图

3.2　机构中运动副与构件的排列序号

与机架连接的各运动副都称为初级运动副。以一个初级移动副为始端而形成的一组机构是机构的一个分支，因此，机构中分支的数量等于初级运动副的数量。

在一个分支中，初级运动副之后的各运动副依次称二级运动副、三级运动副……，与之对应，初级运动副与二级运动副之间的构件称一级构件，二级运动副与三级运动副之间的构件称二级构件，以此类推，n 级运动副与 $(n+1)$ 级运动副之间的构件称 n 级构件。

机架约束一级构件且各约束点都在机架上，均静止不动，一级构件约束二级构件且各约束点都在一级构件上并随一级构件运动，以此类推，n 级构件约束 $(n+1)$ 级构件且各约束点在 n 级构件上并随 n 级构件一起运动。

3.3 各类运动副的法线及其数量与分布

机构中的每个相邻构件都是通过运动副定位并产生相对运动，根据刚体定位的几何定理，把相对运动的两个表面中的被包容面（或包容面）简化成几个特定的约束点后，两个构件之间的约束关系不会改变，约束点的数量等于这个运动副限制自由度的数量。

运动的两种基本形式是移动与转动，其对应的运动副是移动副与转动副，其它运动副都可视为移动副与转动副组合的运动副。

在平面机构中，高副、低副产生的约束，可简化成约束法线，可用具有不同几何关系的法线表示。

如图 3.2 所示的平面高副的法线表示，高副可简化成构件 2 对构件 1 在接触点 O 处公垂线方向的法线 F，对构件在法线方向的移动自由度产生约束。

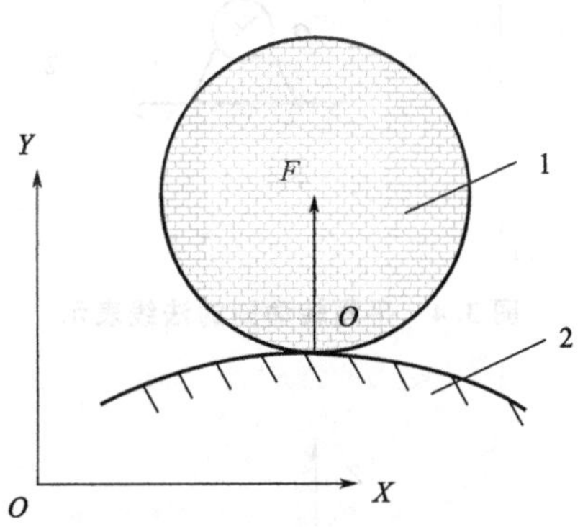

图 3.2 平面高副的法线表示

如图 3.3 所示的平面移动副的法线表示，可简化为在不共点的 O_1、O_2 处产生垂直于 X 轴方向的两条平行约束法线 F_1、F_2，可约束其在 Y 方向的移动自由度以及平面内的转动自由度。

如图 3.4 所示的平面转动副的法线表示，其约束可简化为接触面上的两个约束点产生的相交约束法线 F_1、F_2，交点为 O，构件 2 约束构件 1 的 2 个移动自由度，即在平面内没有移动自由度，只有绕法线交点 O 的转动自由度。

在空间机构中，圆柱副在孔与轴表面之间有相对转动，轴的任意两条母线与其任意两个横截面一定有 4 个交点，这 4 个点取代圆柱面与孔接触不会影响圆柱副的性质，4 个点对应的四条法线，两两交于旋转中心的两个点，这两个点可视为圆柱副的两个约束点。空间圆柱副的法线表示如图 3.5 所示。

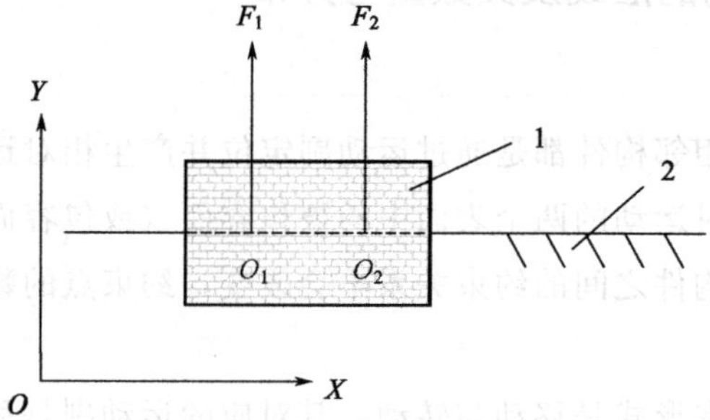

图 3.3　平面移动副的法线表示

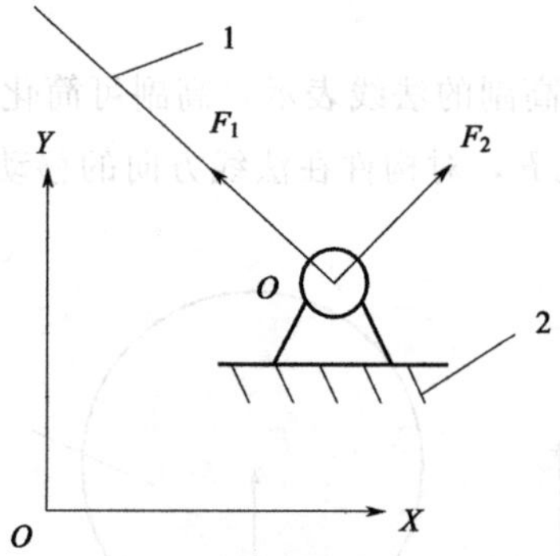

图 3.4　平面转动副的法线表示

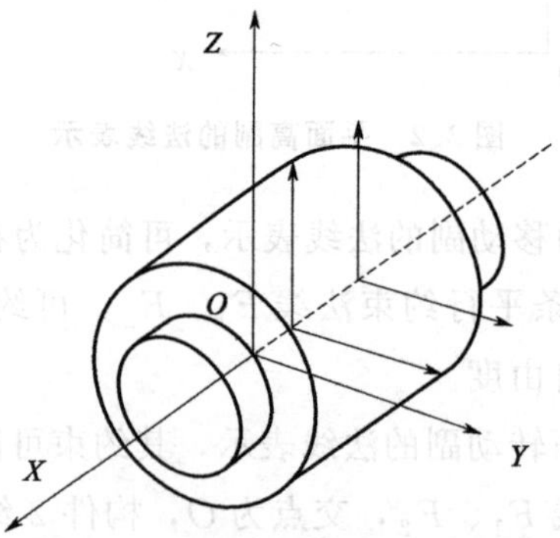

图 3.5　空间圆柱副的法线表示

根据法线相交定理，它们能够在其旋转中心处等效成任意两对不同方向的平行法线，共同限制轴与孔在 Y、Z 两个方向的移动和绕 Y、Z 轴的转动共 4 个自由度。

与圆柱副相比，转动副在轴线平行方向增加了一个约束点，其法线方向与轴线方向一致，空间转动副的法线表示如图 3.6 所示，多限制了轴向移动的自由度，即除了绕 X 轴转动，其余自由度全部被限制。

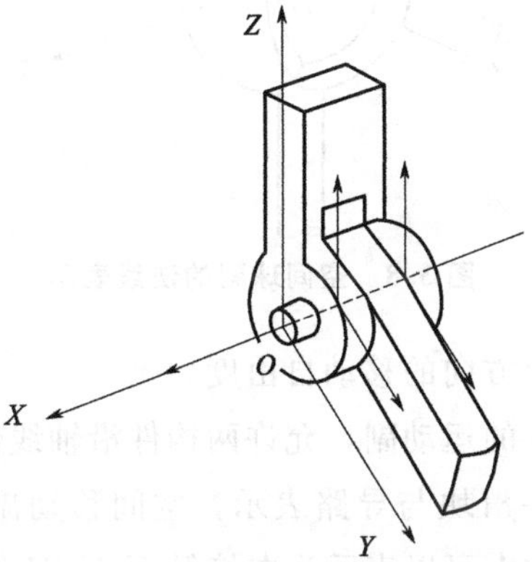

图 3.6　空间转动副的法线表示

螺旋副允许被连接的两个构件绕着轴线转动的同时，还能够沿轴线做与转动相关的相对移动。与转动副相比，螺旋副只是将 X 方向的一条法线变成了螺旋线的垂线方向上的一条法线。如图 3.7 所示为空间螺旋副的法线表示，限制垂线方向的移动，它同样限制 5 个自由度。

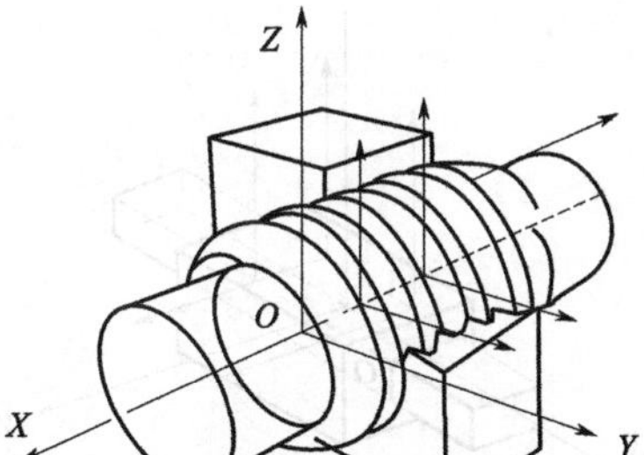

图 3.7　空间螺旋副的法线表示

上述 3 个运动副绕 X 轴转动的自由度都没有被限制。

球副的运动来自两个凸凹球面之间的相对运动，允许连接球副两端的两个构件间具有 3 个独立的相对转动，如图 3.8 所示。

用球体表面上不在一个平面内的 3 个点替代球表面不会影响球副的性质，3 个点对应的三条法线必然同交于球心，并在球心等效成任意三条不同方向的法

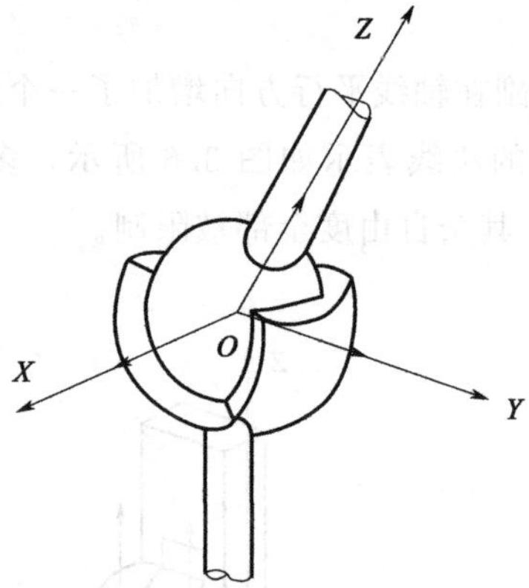

图 3.8　空间球副的法线表示

线，限制两构件之间三个方向的移动自由度。

移动副是自由度为 1 的运动副，允许两构件沿轴线做相对移动。在空间机构运动简图中，移动副用一滑块与导路表示，空间移动副的法线表示如图 3.9 所示。导路对滑块产生的约束可以表示为在接触面 XOY 约束平面上三条不共面且平行于 Z 轴的法线，约束滑块在 Z 方向的移动自由度和绕 X、Y 轴的转动自由度。在相邻接触面 XOZ 约束平面上简化为两条平行于 Y 轴的法线，约束滑块在 Y 方向的移动自由度和绕 Z 轴的转动自由度。可以分析得出滑块只有沿导路 X 方向的移动自由度。

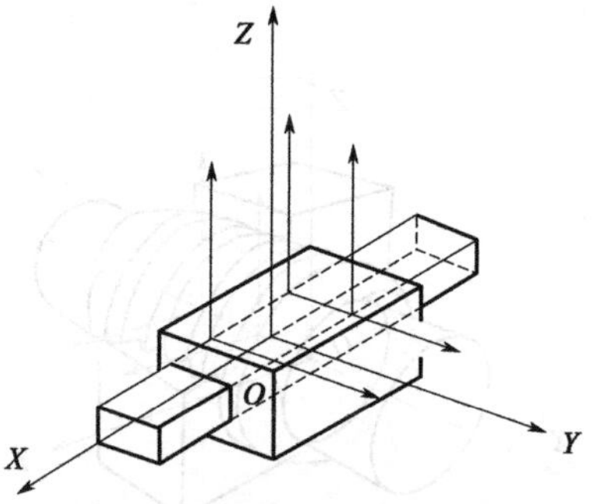

图 3.9　空间移动副的法线表示

平面副是组成运动副的两构件均沿着与接触平面平行的两个方向做独立的相对移动并绕与平面垂直的轴线做独立的相对转动的运动副。如图 3.10 所示，在平行于平面 XOY 的接触面上可简化为三条不共面且平行于 Z 轴的法线，约束滑块在 Z 方向的移动自由度和绕 X、Y 轴的转动自由度。构件具有 X、Y 方向的移动自由度以及绕 Z 轴的转动自由度。

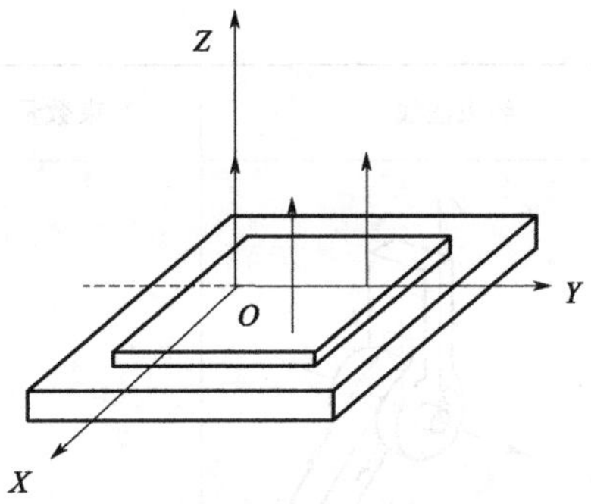

图 3.10　空间平面副的法线表示

万向铰也称为虎克铰，如图 3.11 所示为万向铰的法线表示，它具有 2 个自由度，可令连接的两个构件之间相对转动。结构上两个转动副常常是轴线垂直相交，在转动轴线的交点 O 处可转化为 X、Y、Z 三个方向的约束法线，以及在 XOY 平面内的一条平行于 Y 轴但不共线的法线，约束绕 Z 轴方向的转动自由度，构件有绕 X、Y 轴的 2 个转动自由度。

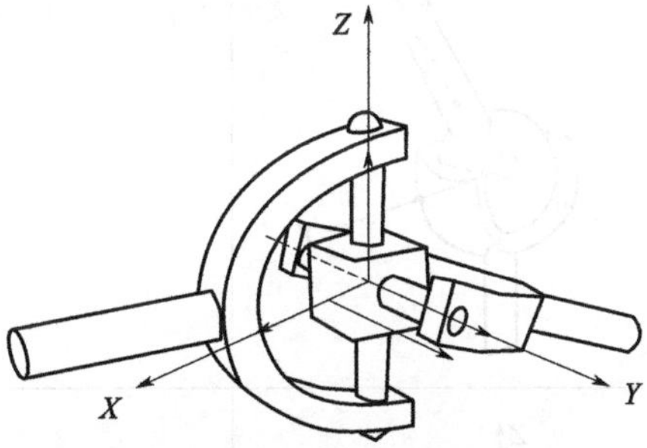

图 3.11　空间万向铰的法线表示

表 3.1 为常见运动副的法线及其分布情况。

表 3.1　常见运动副的法线及其分布

运动副	约束法线	约束数量	约束的自由度
圆柱副 (C)	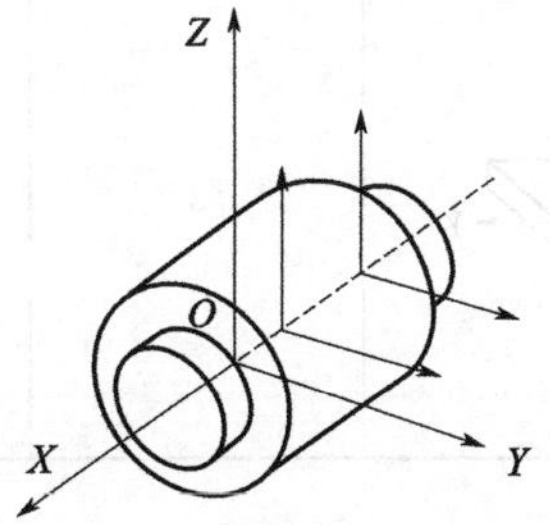	4	Y、Z 方向的移动 绕 Y、Z 轴的转动

续表

运动副	约束法线	约束数量	约束的自由度
转动副 (R)	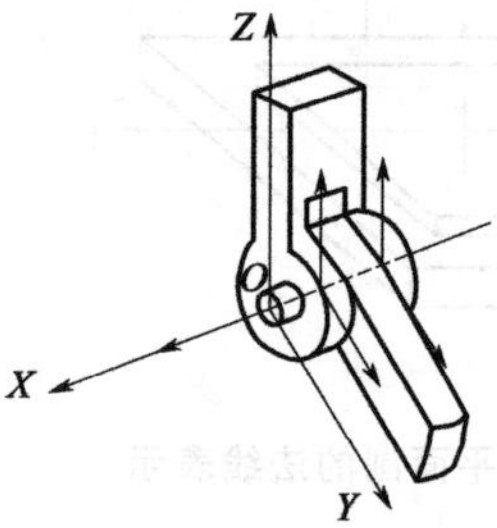	5	X、Y、Z 方向的移动 绕 Y、Z 轴的转动
螺旋副 (H)	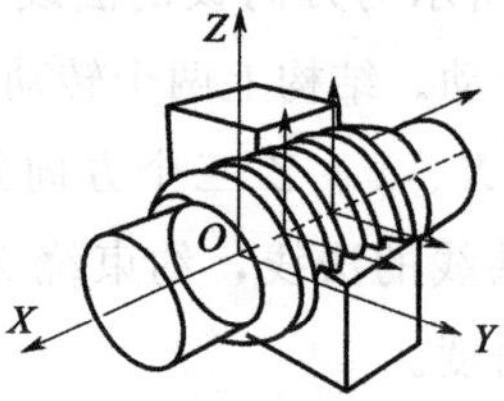	5	Y、Z 方向的移动 螺旋线法线方向移动 绕 Y、Z 轴的转动
球副 (S)	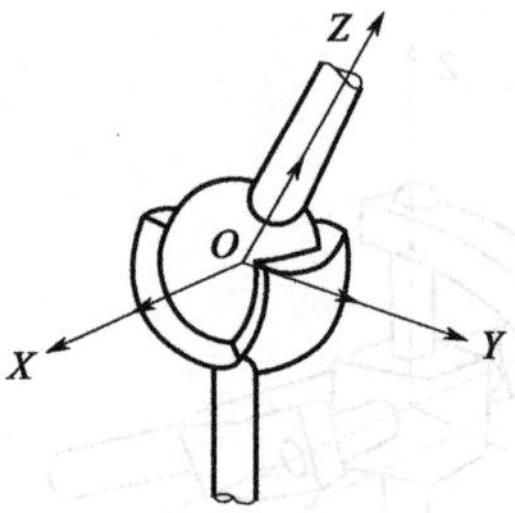	3	X、Y、Z 方向的移动
移动副 (P)	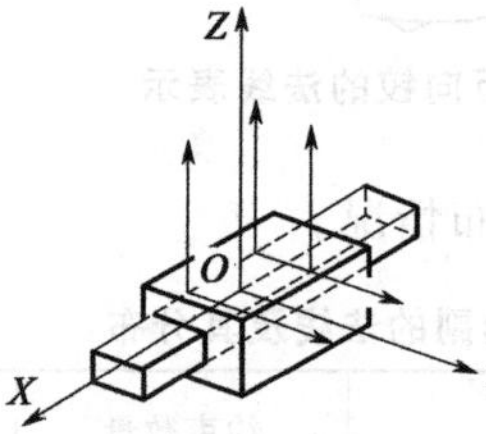	5	Y、Z 方向的移动 绕 X、Y、Z 轴的转动
平面副 (E)	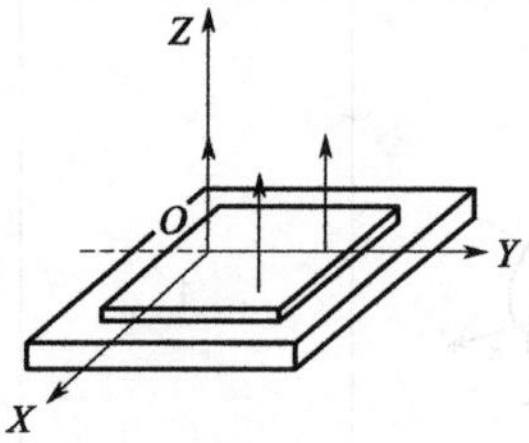	3	Z 方向的移动 绕 X、Y 方向的转动

续表

运动副	约束法线	约束数量	约束的自由度
万向铰 (U)	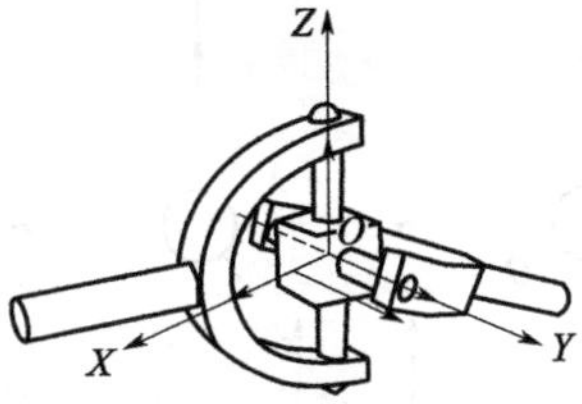	4	X、Y、Z 方向的移动 绕 X 轴的转动

需要说明的是，与机架连接的初级运动副的法线分布一定符合表 3.1，其后的运动副的法线分布一般也符合表 3.1，但某些特殊情况下法线的分布需要根据具体结构而定。例如，当只有一个约束点的球副约束其后端圆柱副时，在球副的球心与圆柱副中心线构成的平面内，圆柱副的两条法线就是球心到轴线上两约束点之间的两条相交法线。

3.4 法线的分类及其传递规律

分布在运动副约束点上的法线，随着各级构件的运动传递，其运动属性也会发生变化，从而改变各法线对构件的约束性质。因此，准确分析法线的种类及其传动规律，是自由度研究的重要方向。

3.4.1 法线的类型及其表示方法

法线可分为静法线与动法线两种类型。

若约束点的位置在其法线方向相对于机架静止不动，则该法线称静法线，上述几何定理中的运动副均是直接与机架连接的初级运动副，法线都是静法线；若约束点的位置在其法线方向相对于机架能够运动，则该类法线称为动法线。

如图 3.12 所示，图中的机架 1 与构件 2 通过移动副连接，构件 2 只能在 X 方向移动，垂直于轴线方向的法线 F_1 与 F_2 为静法线，构件 2 和构件 3 之间通过转动副连接，构件 3 的约束点 O 也只能沿 X 方向移动，因此 O 点在 X 方向相对于机架能运动，对应的法线 F_3 为动法线。

如图 3.13 所示的一级运动副为移动副，二级运动副为球副，在球心 O_1 处有 3 条法线，O_1 点在 YOZ 平面内静止不动，对应的两条法线 F_Y 与 F_Z 都为静法线，O_1 点在 X 方向相对于机架能运动，对应的法线 F_X 为动法线。

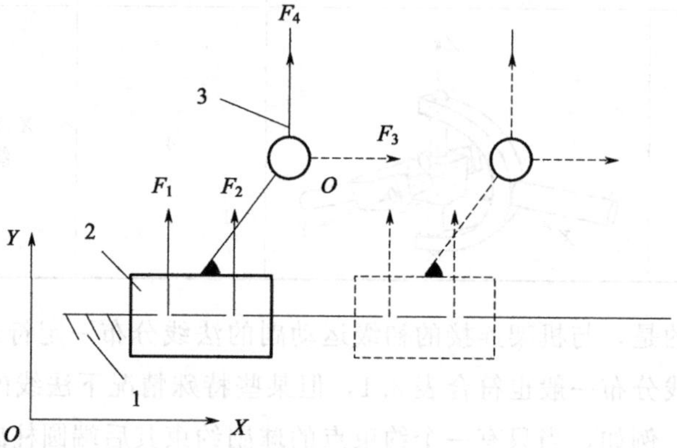

图 3.12 平面法线的分类

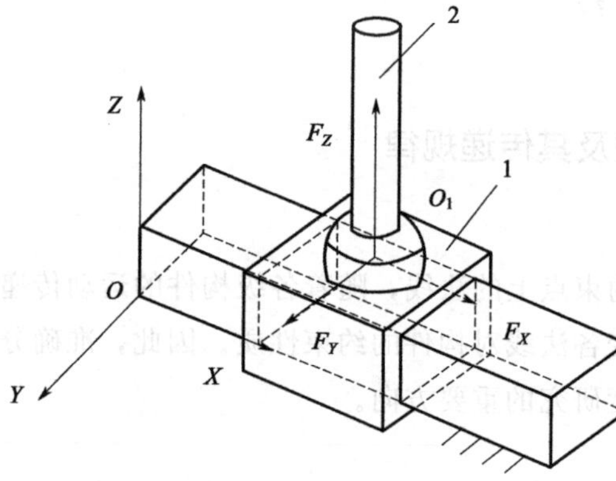

图 3.13 空间法线的分类

法线用带箭头的直线表示，实线表示静法线，虚线表示动法线，规定法线的起点为约束点，方向由约束构件指向被约束构件。

3.4.2 静法线与动法线的判断方法

机构的运动通过各级构件与运动副逐级向后传递，其过程会使后续构件在某些方向的静法线变为动法线。除局部自由度外，任何构件的一个自由度产生的运动（以下简称一个运动）都会使下级的一个（或多个）构件的一个或多个点产生运动，其对应的法线随之变为动法线。

显然，作用到一级构件的法线都是静法线，随着后续构件的运动，其中的某些法线会变成动法线，因此后续构件法线的类型应从一级构件开始逐级向后判断，某构件的法线由静法线变为动法线取决于上级构件的移动与转动。

规律 1：在一个分支中，①若旋转构件的旋转中心 O 是静止的，则在旋转中心线垂直的法平面内，下级构件的约束点 P 在 OP 方向的法线一定是静法线，而其它方向的法线均为动法线；②若旋转构件的旋转中心 O 是运动的，则下级构件的约束点 P 在任何方向的法线均为动法线。

证明：①若旋转构件的旋转中心 O 是静止的，则在旋转中心线垂直的法平面内，当下级构件的约束点 P 绕 O 点转动时，只有 P 点在 OP 方向没有位移，因此 P 点在 OP 方向的法线是静法线，而 P 点在其它方向相对于 O 点均有位移，其对应的法线都是动法线；②若某构件的旋转中心 O 是运动的，则在旋转中心线垂直的法平面内，当下级构件的约束点 P 绕 O 点转动时，P 点在任何方向相对于机架都有位移，因此，P 点在法平面内的任何方向的法线都是动法线。

如图 3.14 所示的空间法线的传递规律，构件 1 在 XOZ、YOZ 两个法平面中的旋转中心都是 O_1 点，它在各个方向相对于机架都是静止的，构件 2 的约束点 O_2 在两个法平面共有 F_4、F_5、F_6 三条法线，根据规律 1，除了 O_1O_2 方向的法线 F_4 是静法线，其余两条法线 F_5、F_6 都是动法线。

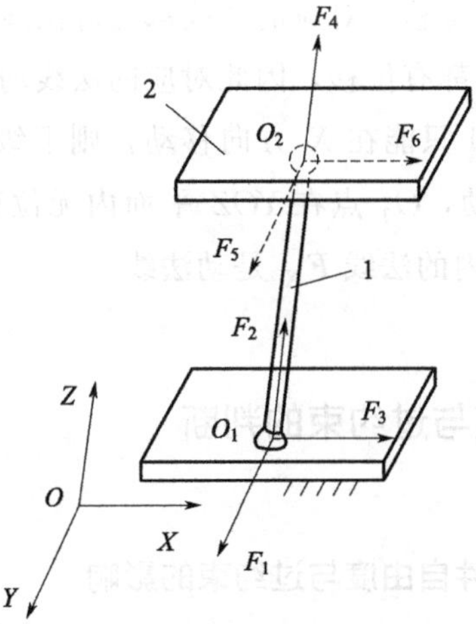

图 3.14　空间法线的传递规律

如图 3.15 所示的平面法线的传递规律，三个构件均在一个法平面中，构件 1 能绕 O_1 旋转，因 O_1 是静止点，因此下级构件 2 的约束点 O_2 在 O_1O_2 方向的法线 F_4 是静法线，其它方向的法线 F_3 为动法线；由于构件 2 的旋转中心 O_2 不是静止的，故下级构件 3 的旋转中心 O_3 在任何方向相对于 O_1 点都有位移，

因此 O_3 点两条法线 F_5、F_6 都是动法线。

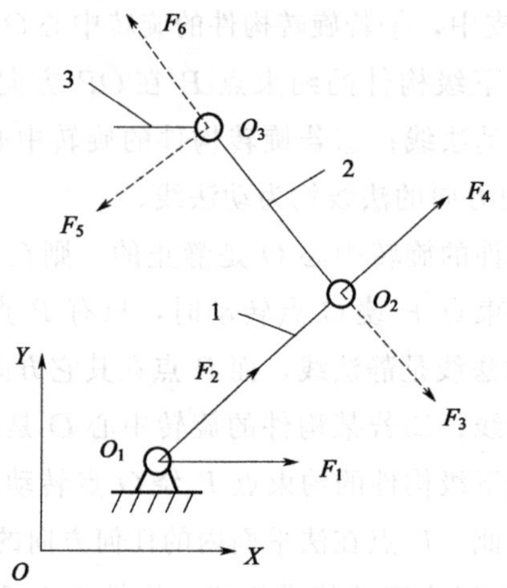

图 3.15 平面法线的传递规律

规律 2：若某构件只能沿某一方向移动，则下级构件在与该移动方向垂直的平面内的法线都是静法线，其余方向的法线均为动法线。

这是由于某构件在某方向移动时，下级构件的各约束点也在该方向移动，它们在移动方向垂直面内无位移，对应的法线都为静法线，而下级构件各约束点在垂直面以外的各个平面内都有位移，因此对应的法线均为动法线。

在图 3.13 中，构件 1 只能在 X 方向移动，则下级构件 2 的约束点 O_1（球心）也只能沿 X 方向移动，O_1 点在 YOZ 平面内无位移，对应的两条法线 F_Y、F_Z 都是静法线，其它面内的法线 F_X 是动法线。

3.5 并联构件自由度与过约束的判断

3.5.1 静法线对并联构件自由度与过约束的影响

由于机构中各个构件的自由度都是相对机架而言的，因此将机构中的机架作为参照物，各个构件作为刚体，则作用于各个构件上的静法线对其自由度与过约束的影响一定符合刚体自由度判断的几何定理。

图 3.16(a) 为椭圆机构，$DA \perp AC$，$BD = BC = AB$。图 3.16(b) 是将图 3.16(a) 中机架的 AD 滑轨倾斜了一个角度，即 AD 与 AC 滑轨不垂直。显

然两种机构都有三个分支，每个分支各有一条静法线作用到并联构件 4。图 3.16 (a) 中的三条静法线共同交于一点 O，根据定理 8，并联构件 4 的 2 个平移自由度被限制，且有一个过约束，但它在平面内的转动自由度未被限制。图 3.16(b) 中三条静法线相交于三点，根据定理 3，并联构件 4 在平面内的 3 个自由度全部被限制，即构件 4 完全定位，当然不能运动。

图 3.16(c)、(d) 中的两个机构，三个分支中的三个中间杆均相互平行，其差异在于前者为等长杆，后者杆长不同。三个分支中的三条平行静法线都作用于并联构件 4。根据定理 8，两种机构中的并联构件 4 沿杆方向的移动自由度、法平面内的转动自由度被限制，且均有一个过约束，但它们沿杆轴线垂直方向的移动自由度都未被限制。

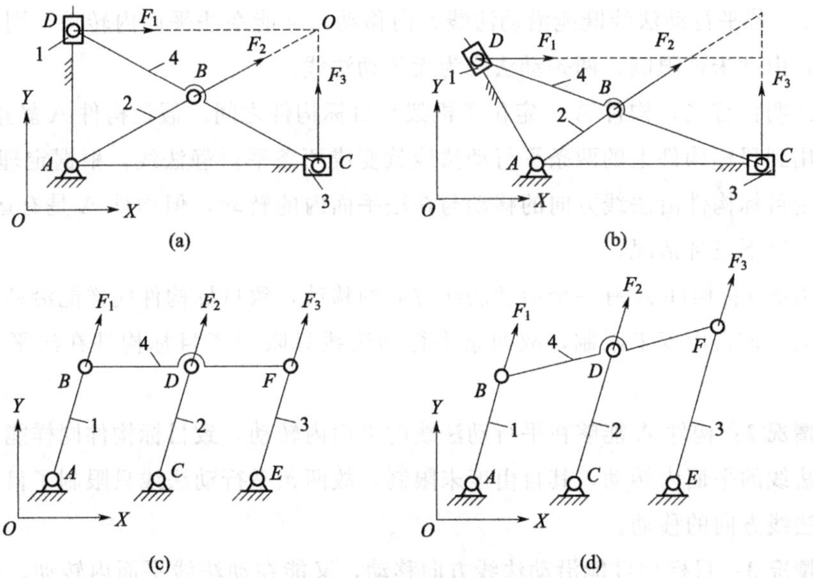

图 3.16　静法线对并联构件自由度影响

上述的静法线都是初级运动副直接约束并联构件的，而对于经过多个运动副传递到某一个构件上的静法线同样可按照相应的几何定理对并联构件的自由度及过约束进行分析。

3.5.2　动法线对并联构件自由度与过约束的影响

作用到任一构件上的每一条静法线都会使该构件形成一个约束，当然它可能约束构件某一自由度，也可能使构件产生一个过约束。但作用到一个构件上的某些动法线往往对该构件不形成约束，我们将这种对构件不形成约束的动法线称为无效动法线，而对构件形成约束的动法线称为有效动法线。

(1) 有效动法线的判断及其对目标构件自由度的影响

本书将动法线约束点的运动简称为动法线的运动，相应地将动法线的约束点在一个自由度方向的运动简称为动法线的一个运动，其中的运动包括移动或转动。为了叙述方便，将动法线约束的构件定义为目标构件。

定理 10：两平行动法线形成的约束。如果作用到目标构件上的两条平行动法线的运动直接或间接地始于某一构件 A 的运动，则：情况 1，若平行动法线只能沿其法线方向移动，则目标构件在法平面内的转动自由度被限制；情况 2，若平行动法线只能在法平面内转动，则目标构件沿动法线方向移动自由度被限制；情况 3，若平行动法线既能沿动法线方向移动，又能在法平面内转动，则目标构件的自由度未被限制，两条动法线为无效动法线。

证明：首先，构件 A 一定位于机架与目标构件之间。假设构件 A 静止不动，则作用到目标构件上的两条平行动法线就变成两条平行静法线，根据定理 1，它们限制目标构件沿法线方向的移动与在法平面内的转动，但构件 A 是有运动的，具体有以下三种情况。

情况 1：构件 A 有一个沿动法线方向的移动，致目标构件同样能沿动法线方向移动，该自由度未限制，故两条平行动法线只限制了目标构件在法平面内的转动。

情况 2：构件 A 能够在平行动法线的平面内转动，致目标构件同样能够在平行动法线的平面内转动，其自由度未限制，故两条平行动法线只限制了目标构件在动法线方向的移动。

情况 3：目标构件能沿动法线方向移动，又能在动法线平面内转动，故两条动法线不限制目标构件的自由度，为两条无效动法线。

如图 3.17 所示，图中平行静法线约束构件 3，使其有 1 个转动自由度，基于此自由度，使构件 3 通过移动副约束构件 4 的两条平行动法线，只约束构件 4 在平面内的转动自由度。

同样，在图 3.18 中，基于移动副约束的构件 1 只有在竖直方向的移动自由度，而通过构件 2、3 作用于同一构件 4，产生的约束动法线 F_3、F_4 平行，约束构件 4 在平面内的转动自由度。需要说明的是，两条平行动法线的一个运动必须来源于目标构件与机架之间某一构件的运动，而平行动法线的两个运动可以分别来源于两个构件的运动，也可以来源于一个构件的两个运动。

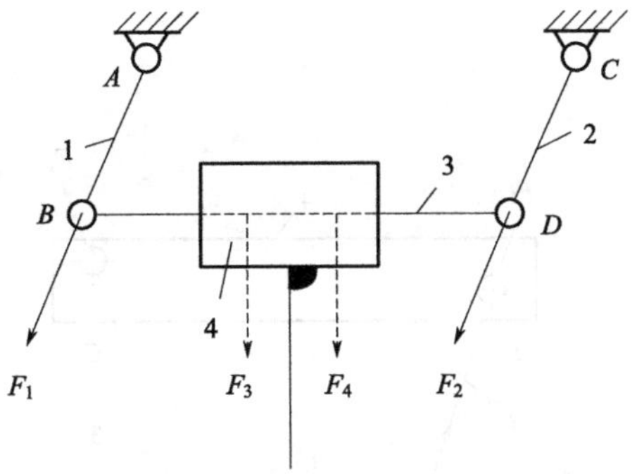

图 3.17　两平行动法线形成的约束 1

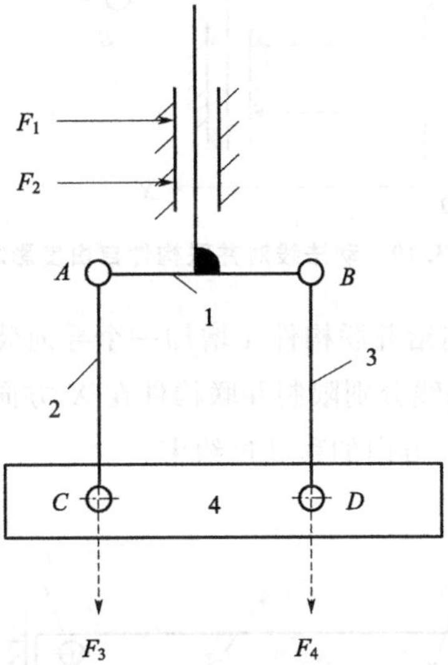

图 3.18　两平行动法线形成的约束 2

定理 11：两相交动法线形成的约束。如果作用到目标构件上的两条相交动法线的运动直接或间接地始于某一构件的运动，则：情况 1，若动法线只能沿某一方向移动，则目标构件在该移动路径的垂直方向的移动自由度被限制；情况 2，若动法线只能绕法平面内的某一点转动，则目标构件在约束点处沿动法线垂线方向的移动自由度被限制；情况 3，若动法线既能沿某个方向移动，又能绕某个点转动，则两条相交动法线为无效动法线。

定理 11 的证明类同定理 10。

在图 3.19 中，目标构件 4 上的两条相交动法线 F_1 与 F_2 源于构件 1 沿 Y 方向的一个运动，假设构件 1 静止不动，则两条相交动法线就变成两条相交静法线，限制构件 4 沿 X、Y 两个方向的移动。而实际上构件 4 在构件 1 的作用下，能够沿 Y 方向运动，因此这两条相交动法线 F_1 与 F_2 只能限制目标构件 4 沿 X

方向的移动。

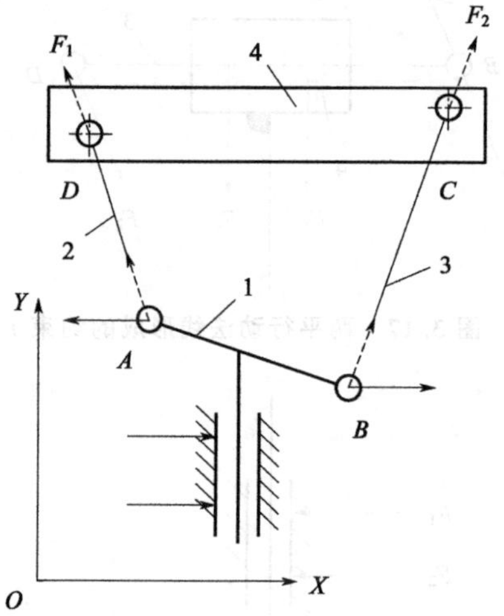

图 3.19　动法线对并联构件自由度影响 1

若在与 Y 轴平行方向给并联构件 4 增加一个导向装置，如图 3.20 所示，则导向装置的两条平行静法线分别限制并联构件在 X 方向的移动与平面内的转动，这样就导致并联构件在 X 方向的移动过约束。

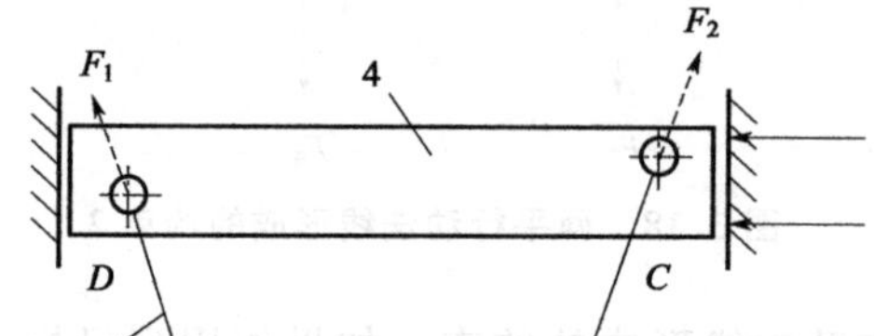

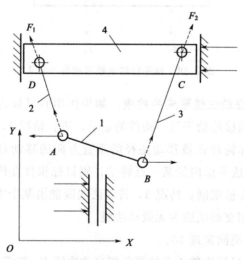

图 3.20　动法线对并联构件自由度影响 2

若并联构件导向不平行 Y 轴，如图 3.21 所示，根据定理 2，目标构件在公法面内的 3 个自由度全部限制，机构将无法运动，但目标构件中没有过约束。

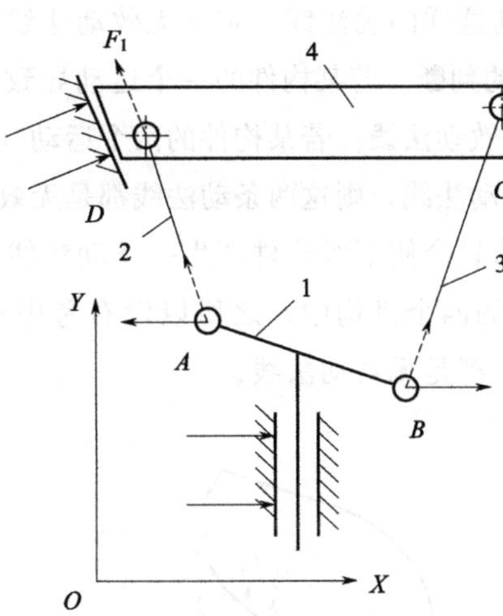

图 3.21　动法线对并联构件自由度影响 3

在图 3.22 中，构件 1 一个运动（绕 X 轴转动）会使构件 2 轴线上的两个约束点运动进而产生两条平行动法线，同理，构件 2 的一个转动又使目标构件 3 产生两条新的平行动法线，它们作用到同一目标构件 3，这两对平行动法线均为有效动法线，它们都能够在法平面内移动，因此分别限制目标构件 3 绕 Y、Z 轴方向的 2 个转动自由度。

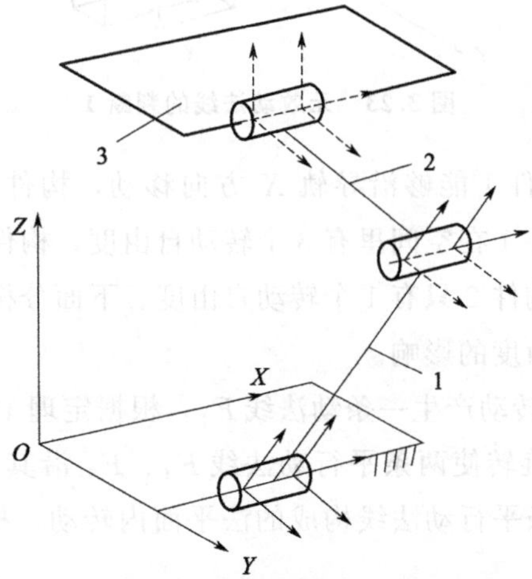

图 3.22　动法线对并联构件自由度影响 4

(2) 无效动法线的判断

如果一个或两个构件的运动数量导致目标构件产生的动法线数量未能够达到

定理 10 与 11 中的数量，则这样的动法线一定是无效动法线。

定理 12：无效动法线的判断。若某构件的一个运动导致目标构件仅产生一条动法线，则这条动法线为无效动法线；若某构件的两个运动（或两个构件的两个运动）导致目标构件产生两条动法线，则这两条动法线都是无效动法线。

大多数构件的一个运动只会使下级构件产生一条动法线，因此这些动法线都是无效动法线。图 3.16 中的四个机构中，之所以没有考虑动法线对并联构件的影响，就是因为这些动法线都是无效动法线。

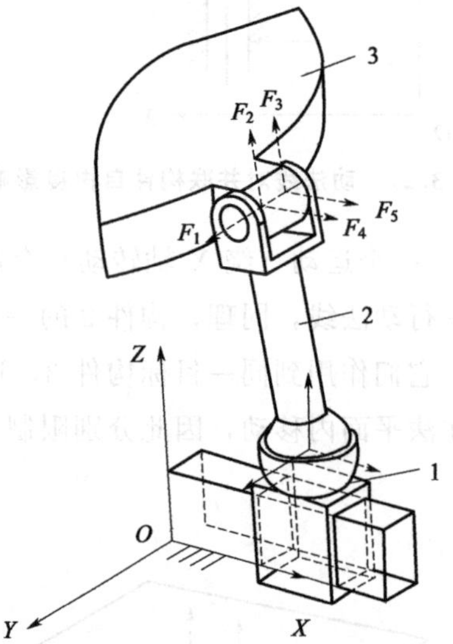

图 3.23　无效动法线的判断 1

在图 3.23 中，构件 1 能够沿导轨 X 方向移动，构件 2 与构件 1 由球副连接，构件 2 相对于构件 1 在空间里有 3 个转动自由度，构件 3 与构件 2 用转动副连接，构件 3 相对于构件 2 只有 1 个转动自由度。下面分析作用于目标构件 3 上的五条动法线对其自由度的影响。

构件 2 绕 X 轴的转动产生一条动法线 F_1，根据定理 12，F_1 为无效动法线。

构件 2 绕 Y 轴的旋转使两条平行动法线 F_4、F_5 沿其方向移动，绕 Z 轴的转动能使构件 2 在两条平行动法线构成的法平面内转动，根据定理 12，F_4、F_5 都是无效动法线。

若构件 1 无运动，则根据法线传递规律 1，球副中心到转动副轴线上的两个约束点的法线是两条相交的静法线 F_2、F_3，它们限制构件 3 两个方向的移动。而构件 1 的一个运动（沿 X 方向的移动），使构件 3 产生两条相交动法线 F_2、F_3，根据定理 11，它们是有效动法线，由于构件 3 能够沿 X 方向移动，因此，

两条相交动法线 F_2、F_3 限制了构件 3 在 Y 方向的移动。

需要指出的是，不满足定理 10 与 11 的动法线都是无效动法线。例如，图 3.24 中构件 1 的一个转动导致构件 2 产生两条动法线 F_1、F_2，但这两条动法线传递到并联构件 3 时又变成了一条动法线 F_3，则 F_3 为无效动法线。

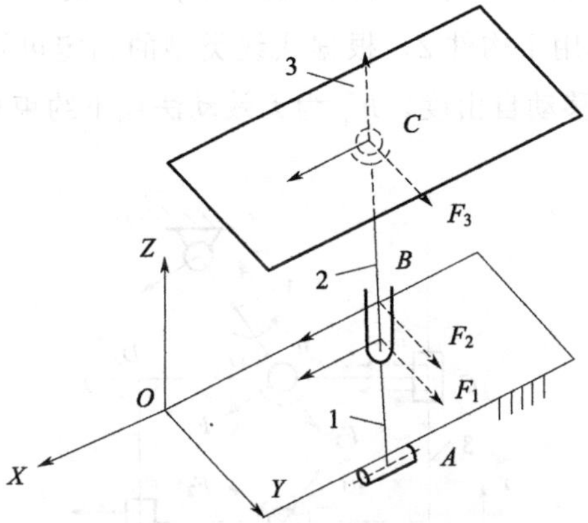

图 3.24　无效动法线的判断 2

在图 3.25 中，虽然构件 1 的一个运动导致构件 2、3 的两个点运动，但这两个点的运动没有作用到同一个并联构件，因此两条动法线 F_1、F_2 为无效动法线。

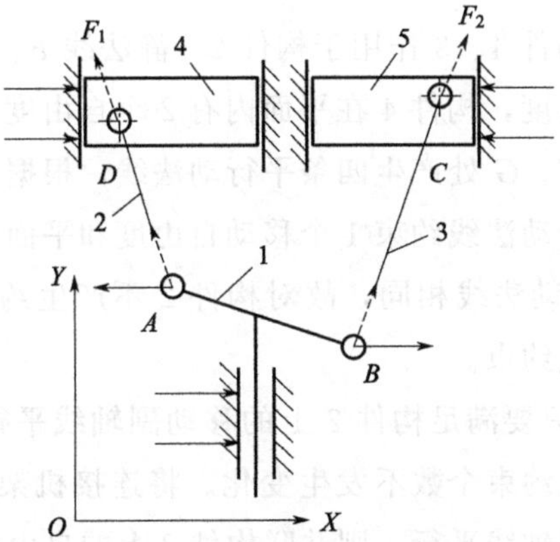

图 3.25　无效动法线的判断 3

(3) 动法线对目标构件过约束的判断方法

如果一个构件的运动数量导致目标构件产生的动法线数量超过定理 10 与 11 中的数量，则多出的动法线一定会对目标构件形成过约束，由此可得到动法线对目标构件产生过约束的几何定理。

定理 13：平行动法线导致的过约束。如果作用到目标构件上的 n（$n>2$）条平行动法线的运动直接或间接地始于某一构件的运动，则目标构件在其法平面内受到（$n-2$）个过约束。

如图 3.26 所示 2-RRP 平面机构，几何条件满足 $CD/\!/EG$，$CE/\!/DG$，由机构简图可知，构件 2 有两条分支作用，所以构件 2 为机构中的并联构件。构件 1 在 B 处通过转动副作用于构件 2，根据法线类型的判定可知，F_3 为静法线约束构件 2 在法线方向的移动自由度，F_4 为无效动法线不约束构件 2 的平面自由度。

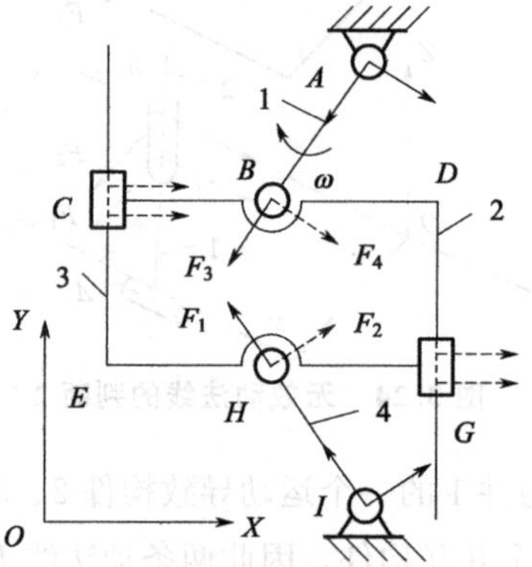

图 3.26　2-RRP 机构

另一条支路通过构件 4、3 作用于构件 2，静法线 F_1 作用于构件 3，约束沿构件 4 方向的移动自由度，构件 4 在平面内有 2 个自由度。基于此，构件 3 通过移动副在构件 2 上的 C、G 处产生四条平行动法线，根据定理 7 可知，动法线有两个过约束。而且平行动法线约束 1 个移动自由度和平面内的转动自由度。构件 3 具有的自由度与平行动法线相同，故对构件 2 不产生约束。根据定理 10 综合分析，构件 2 有两个过约束。

如图 3.27 所示，只要满足构件 2 上的移动副轴线平行，产生的四条动法线平行，则构件 2 上的过约束个数不发生变化。将连接机架的转动副改为移动副，只要构件 2 上的移动副轴线平行，则并联构件 2 上的自由度性质不发生变化，构件的过约束个数也不发生变化。通过软件对机构几何条件的变化做了仿真，实际自由度性质与分析的结果相同。

同平行静法线引起的过约束一样，平行动法线引起的过约束也无法判断过约束的性质。

定理 14：相交动法线导致的过约束。如果作用到目标构件上的 n（$n>2$）条动法线的运动直接或间接地来自于某一构件的运动，且各条动法线在其约束点

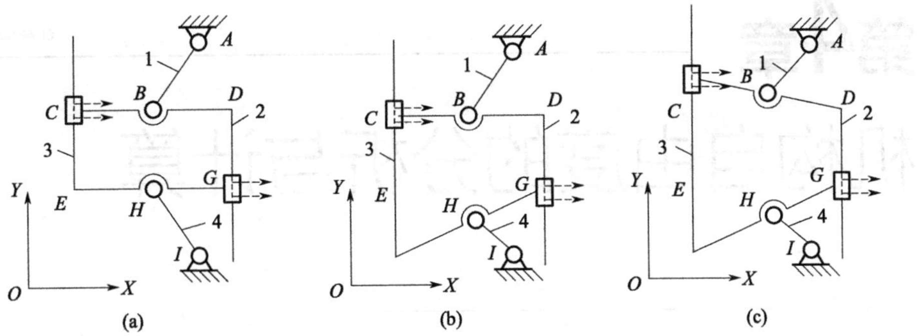

图 3.27　2-RRP 平面机构结构变化

处的垂线相交于一点，则目标构件有（$n-2$）个移动过约束。

需要指出的是，若各条动法线在其约束点处的垂线交点数量大于1，则目标构件的速度瞬心不是唯一的，目标构件将无法运动。

定理15：动静法线集合定理。构件被限制的自由度是该构件上的各动、静法线对其限制自由度的集合。

机构上构件的自由度约束可以既有静法线的作用，又有有效动法线的作用，法线的数量、几何关系以及组合形式是多种多样的。根据法线的集合定理可判断构件自由度被约束的性质和数量，从而分析判定构件的自由度性质，以及过约束的性质和数量。

3.6　本章小结

本章建立了确定并联构件的方法，把机构中的运动副简化为静约束点与动约束点，通过法线表达了运动副对构件的约束性质，并提出了静约束点、动约束点、静法线、动法线、有效法线、无效法线以及过约束法线等概念。建立了静法线或动法线的判定规律，将通过运动链传递到约束点所对应的法线定义为静法线或动法线，建立了动法线、静法线对并联机构自由度约束的几何判定定理、过约束判定定理，形成一种较为完善且可分析机构自由度的约束法线自由度几何判断定理。

第4章 机构自由度的分析与计算

CHAPTER 4

机构自由度是机构学中一个至关重要的概念，它在机构的设计和分析中发挥着基础性作用，为机构的创新提供了可靠的依据，也为进一步深入研究机构的驱动控制以及运动学等提供了基础。本章基于约束法线几何定理，对过约束与虚约束的形成做了理论验证，阐明了虚约束形成机理，对G-K公式进行修正，提出一种分析机构自由度的新方法。基于虚约束对自由度计算的影响，对机构运动副约束法线模型的建立、并联构件的确定以及相对应的虚约束性质与数目等方面加以研究和验证，形成一种较为完善的分析机构自由度的新方法，为机构自由度分析计算提供新的思路。

4.1 机构的自由度

机构自由度是用来描述平面或三维空间的机构或运动链在某一位置时，所能达到或完成稳定的独立运作的能力。这个能力可以体现在以下三点：

第一点是可以用运动链上机构或者运动链独立运动的数量来表示。

第二点是可以通过机构的输出构件或动平台具有的移动灵活性和转动灵活性来表示。针对转动自由度，应该确定转动轴线所垂直的平面，以确定特定的自由度转动平面。转动是以固定轴线为轴心进行的，或是以不断变化的轴线为中心旋转。

第三点是自由度表现在空间是瞬时的还是连续的。

定义里的“稳定”指的是无论是自由度的数目和性质都必须能够在一个有限的活动区域内做稳定的运动，而且这个区域不能无限小或者是固定不动的，当仅在运动区域无限小范围存在自由度时，这个自由度不代表机构的自由度。

4.2 机构的三种类型

基于机构中各构件与运动副的连接关系，机构可分为三种类型：

① 串联机构：所有构件相互之间均用一个运动副连接的机构，且每一个上级机构的输出运动是下级机构的输入。

串联机构也就是开链机构，是一个串联运动链，当 $n+1$ 个运动副逐个依次相连接时，其第一个杆件作为机架，末端为执行构件。

② 并联机构：多个串联分支的终端运动副共同约束某一构件的机构。

并联机构也可看成是由两个及以上独立的运动分支将底座和末端平台连接而成。各分支为串联机构，只是在末端一起通过运动副连接在末端动平台上。

③ 耦合机构：耦合机构一般由多个独立闭环组成，形成多个完整的闭合环路。

多环耦合机构的机架与末端件之间是由错综复杂的、互相耦合的网状结构的支链连接的，而不是由若干个独立支链连接的。

4.3 虚约束的形成机理

4.3.1 虚约束的定义

机构自由度取决于机构中对虚约束的识别。一个能够正常工作的机构，其自由度必须是稳定的，即不论机构处于哪个位型，机构的自由度数目和性质都能够保持稳定不变，这样机构才能稳定地做一定范围的运动。下面先给出几个定义：

过约束：机构在某一瞬时位置，不同运动链分支构件对并联构件产生约束，而对并联机构同一自由度产生重复的约束。按第 3 章约束法线几何定理确定的构件重复约束都是瞬时的，都是过约束。

机构瞬时自由度：用约束法线几何定理直接分析构件在某位型下的约束关系而计算出的自由度为瞬时自由度。由于这个自由度是通过分析一定位型下的约束关系而导出的，故瞬时自由度依赖对应的位型。即机构的自由度不稳定，是随机构位置的变化而变化的。

虚约束：机构在不同的位型下，或发生较小的位置变化时，构件之间通过运动副相连接，一直对机构的同一自由度产生重复约束作用的约束。由此可见，虚约束和过约束在本质上是不一样的，可以把虚约束理解为在不同类型的位置上连续的过约束。

机构全周自由度：不随位置而改变的机构自由度，包括自由度的性质和自由度的数目都不随位置发生变化而改变。这里说的位置变化，是指一个有限范围内的位置移动。

IFToMM 给出的机构自由度应该理解为机构全周自由度，即机构在发生位置变化时，机构的自由度性质和自由度数目都应该保持不变。在机构自由度分析中，有些运动副带入的约束对机构的运动只起重复约束作用，而并不影响机构的运动，因此在计算机构自由度时应准确识别虚约束，并除去其对机构自由度计算的影响。

4.3.2 构件形成虚约束的条件

虚约束有重新分配机构的受力、加强机构的机械刚度、促进机构运动的连续性等特点。因此在机构设计中，经常因机构中存在的特殊几何因素而产生虚约束。这些几何因素包括大家熟悉的在《机械原理》中分析过的平面机构中轨迹重合，运动副轴线平行、垂直、相交等几何因素，如表 4.1 所示。而常规的处理方法只是在计算机构自由度时，根据经验去识别虚约束，并且除去不计。

表 4.1 几种典型机构存在虚约束的特定几何条件

序号	机构	特定几何条件
1	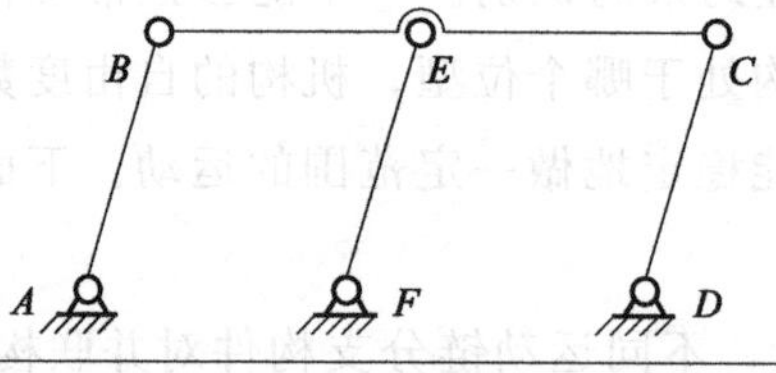	杆 $l_{AB}=l_{CD}=l_{EF}$ 且杆 $l_{AB}//l_{CD}//l_{EF}$
2	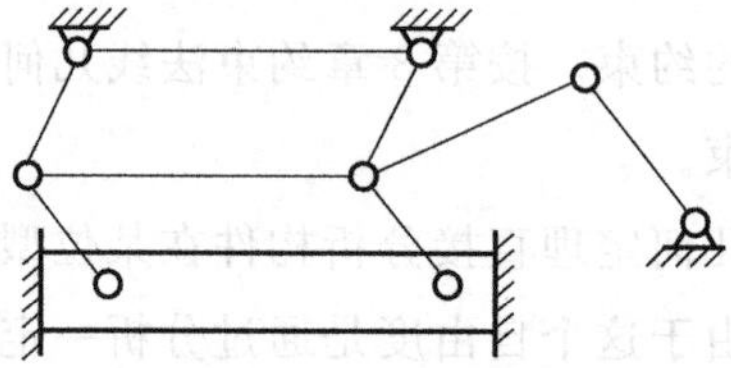	轨迹重合

续表

序号	机构	特定几何条件
3	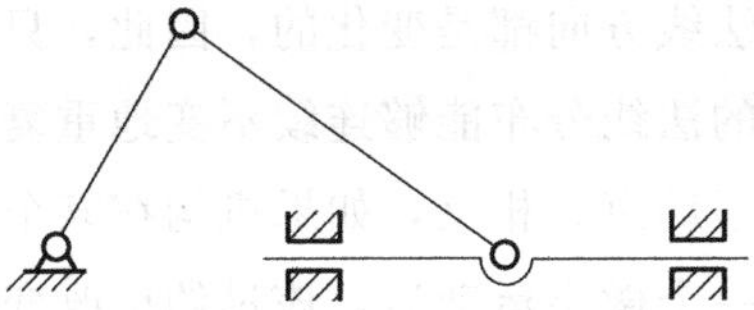	平行导轨 多处移动副
4	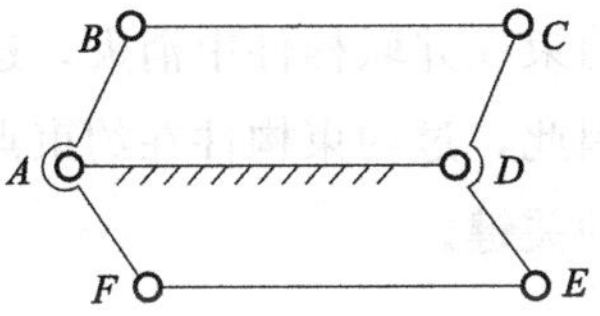	杆 $l_{AB}=l_{CD},l_{AB}//l_{CD}$； 杆 $l_{AF}=l_{DE},l_{AF}//l_{DE}$
5	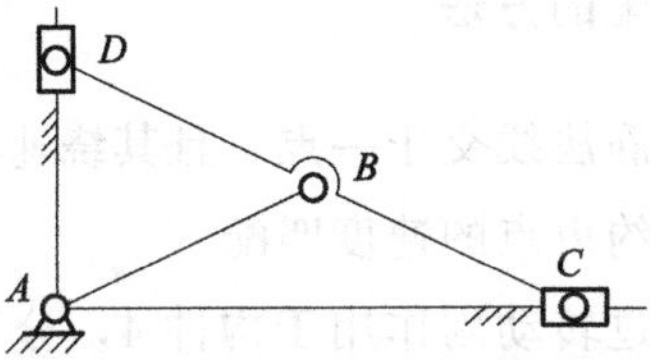	杆 $l_{AB}=l_{BC}=l_{BD}$ $\angle DAC$ 为直角

准确掌握机构中虚约束的位置和数量，并通过经验来判断虚约束的情况，但这也是过去机构自由度分析出现误差的主要原因。因此，要准确判断虚约束对机构自由度的影响，可通过约束法线自由度几何判定定理，将构件通过运动副对动平台的约束，转化为法线的几何关系，通过几何判定定理识别出机构中存在的虚约束数量和约束性质，从而准确分析得到机构中虚约束的数量和性质。

(1) 形成虚约束的三个条件

由于只有并联构件中才会产生过约束，所以只需对并联构件进行研究。

其一，若构件的自由度没有受到限制或只有一次限制，那么机构中不会出现虚约束，而有些构件有过约束的情况才可能形成虚约束。

其二，若多条运动支链对某个并联构件产生过约束，使其自由度形成限制，但在约束点处速度不匹配，会使这个构件形成实约束，因此，要构成虚约束，这个构件在约束点的速度必须匹配。如果速度能够匹配，机构才有可能保持长期的位置。

其三，若并联构件只是在某一特定位置满足上述两个约束条件，但在位置变化过程中约束法线约束性质发生改变，则该约束称为瞬时虚约束。

虚约束与过约束是不同的约束形式。过约束是指在构件间通过运动副连接产生的约束，有些约束可以与其他约束一起作用，对机构的某一瞬时位置产生相同的自由度限制。按第 3 章约束法线几何定理确定的构件约束或过约束都是瞬时的，而机构在运动过程中的大多数法线方向都是变化的，因此，只有当机构在运动过程中，某个过约束并联构件上的法线分布能够连续不变地重复约束某个自由度，我们将这种连续的过约束称为虚约束。相反，如果机构在某个位置时并联构件的某个自由度过约束，但机构有一个微小运动后，该过约束改变了约束类型而约束并联构件的其它自由度，导致过约束在并联构件中消失，这样的过约束不能被视为虚约束，而是机构的实约束。因此，过约束构件在约束点处的速度是否匹配，成为能否将过约束确定为虚约束的关键。

(2) 判断过约束构件速度是否匹配的方法

其一，当过约束构件在构件上的静法线交于一点，且其绕速度瞬心转动的角速度都相等时，便表示过约束构件各约束点的速度匹配。

如图 4.1 所示，构件 1、2、3 通过转动副作用于构件 4，分别有一条静法线 F_1、F_2、F_3 相交于 O_1 点，故构件 4 在平面内过约束。由于机构在几何关系上满足 $\angle CAD$ 为直角，且 B 点为 CD 的中点，使得约束点 B、C、D 绕 O 点的角速度始终相同，满足速度匹配。

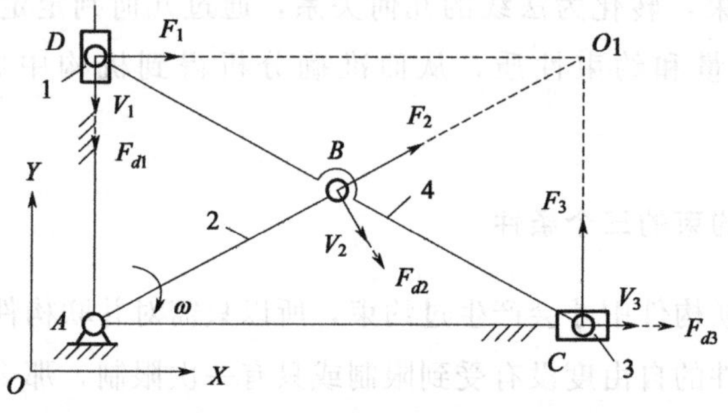

图 4.1 相交法线的过约束构件速度匹配的判断

但在图 4.2 中，虽然在 B、C、D 分别也有一条静法线 F_1、F_2、F_3 相交于 O_1 点，但 $\angle CAD$ 是钝角，几何关系不能使三条静法线一直都相交于 O_1 点，平面内有多于 1 个交点的相交静法线。根据法线几何定理可判定，构件 4 的自由度都被限制，约束法线都为实约束。

其二，当过约束构件的静法线平行时，如果每个约束点的线速度的方向和大小相同，则说明过约束构件速度匹配。

根据图 4.3 所示位置，在平行五杆机构中，其几何条件满足：$l_{AB}=l_{EF}=$

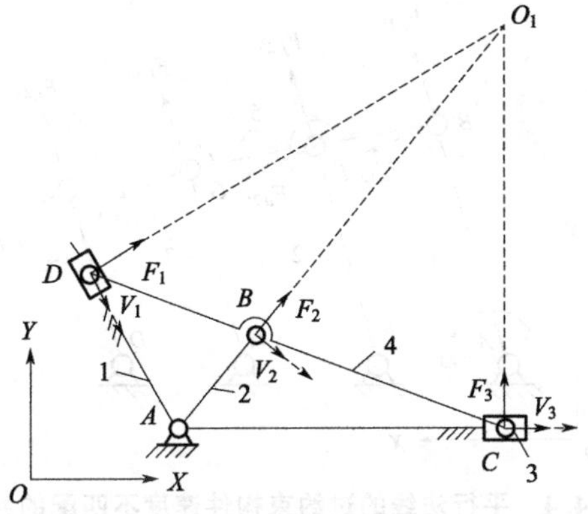

图 4.2　相交法线的过约束构件速度不匹配的判断

$l_{GH}=l_{CD}$。因此，基于法线的传递，四个构件 1、2、3、4 在作用于构件 5 的约束点 B、E、G、C 产生四条平行静法线，根据约束法线几何定理可以判定，构件 5 过约束，平行静法线产生的运动瞬心在无穷远处。因杆长相等，使得四个约束点在绕各自转动点 A、F、H、D 转动时具有相同的角速度，使得构件 5 上产生的平行静法线始终平行，产生的过约束性质不发生变化，构件 5 上的约束点速度匹配。

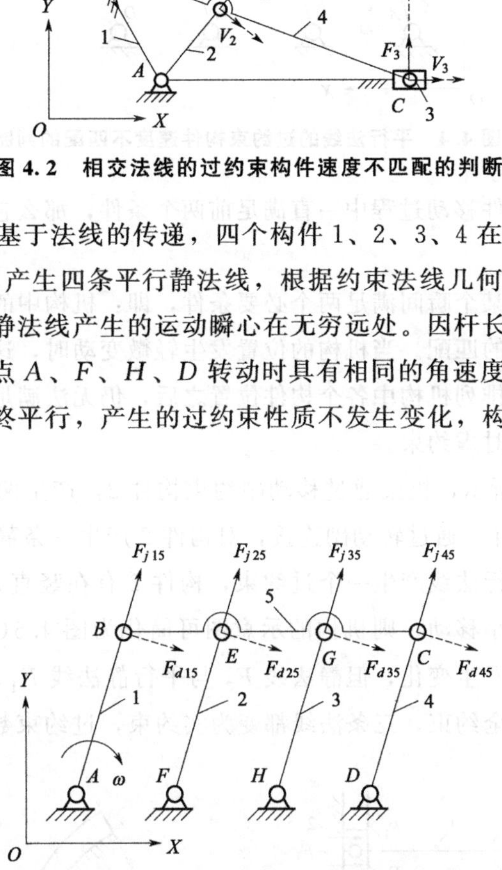

图 4.3　平行法线的过约束构件速度匹配的判断

而在图 4.4 所示位置，构件 5 上现在产生的静法线也平行，但构件 l_{AB}、l_{EF}、l_{GH}、l_{CD} 长度不相等，这样约束点在绕无穷远的瞬心转动时，四条平行杆件绕点 A、F、H、D 转动时的角速度不相同，这样构件 1、2、3、4 不会保持平行，使得产生的静法线相交，对构件 5 的约束性质就会发生变化，从而使得构件的自由度完全被约束，不能运动，所以速度不匹配。因此，形成虚约束的另一个条件是构件的约束点的运动要满足速度匹配。

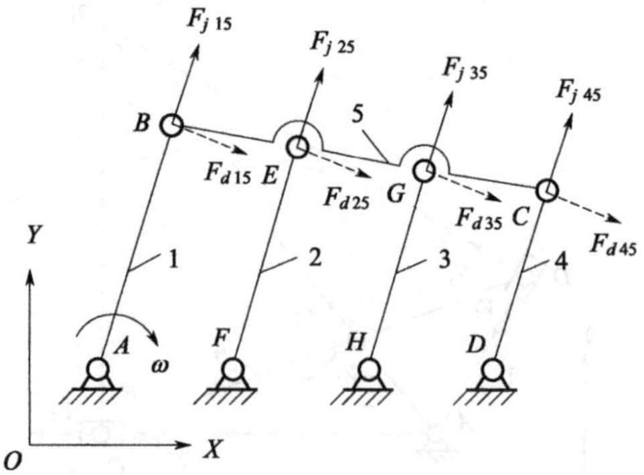

图 4.4　平行法线的过约束构件速度不匹配的判断

其三，若某构件移动过程中一直满足前两个条件，那么它就是一个瞬时过约束，也是实约束。

某构件只能在某个瞬间满足两个必要条件，即：机构中的构件在被约束的同时，还要保证速度的匹配。当机构的位置发生轻微变动时，这两个要求就得不到满足。如果在重新排列机构中各个构件位置之后，仍无法满足上述两个条件，那么这种情况就是瞬时虚约束。

如图 4.5(a) 所示，机架通过移动副约束构件 2，产生两条平行静法线，而机架、构件 1、构件 2 通过转动副连接，对构件 2 产生一条静法线约束，且在此位置产生的 3 条平行法线产生一个过约束，构件 2 有在竖直方向的移动自由度。假设构件 2 发生微小移动，则机构的示意图可简化为图 4.5(b)，单独产生的静法线约束的数量不发生变化，但静法线 F_3 与平行静法线 F_1、F_2 相交，这样构件 2 的自由度被完全约束，三条法线都变为实约束，过约束数量为 0。所以构件

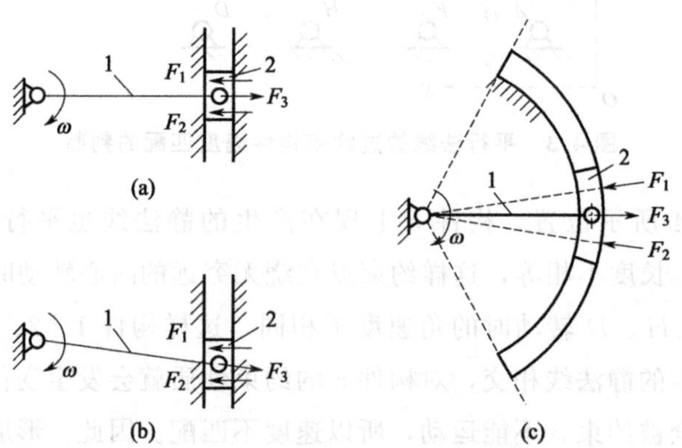

图 4.5　静法线对并联构件自由度影响

1 的过约束为瞬时过约束。法线的几何关系不稳定，是机构自由度分析中出现瞬时过约束的原因。

基于法线约束定理的分析，我们可以发现产生瞬时虚约束的原因是法线的几何关系不连续。可以用约束圆周轨道代替直轨道，直线移动副转化为绕交点 O 转动的移动滑块，如图 4.5(c) 所示，则产生的相交静法线始终相交于 O。这样构件 2 上有一个虚约束，且改变构件的位置，构件 2 上的约束法线 F_1、F_2、F_3 始终相交于 O 点，产生一个移动过约束，构件 2 有在平面内的转动自由度。可见，如果机构的约束为瞬时虚约束，法线的几何关系会随其运动而改变，变成实约束。

在图 4.6 的行星齿轮机构中，作用于外齿圈上的四条动法线源于太阳轮的转动，且四条动法线在约束点处的垂线同交于旋转中心 O，根据定理 14，外齿圈有三个移动过约束。

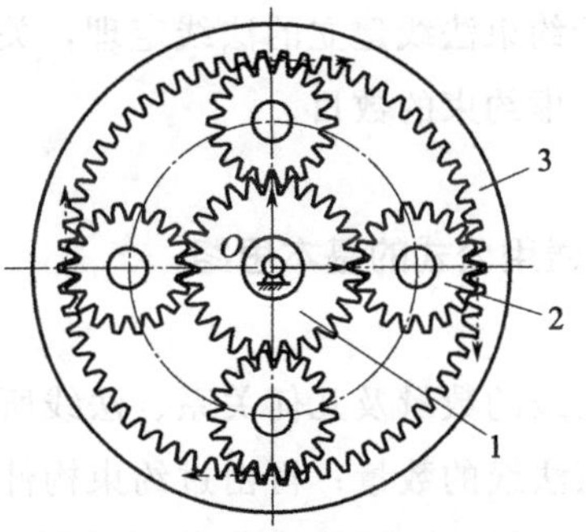

图 4.6 行星齿轮中的虚约束

1—太阳轮；2—行星轮；3—外齿圈

太阳轮与外齿圈同轴，4 个行星轮大小相等，机构运动过程中的任何位置都存在三个相同的过约束，因此过约束连续，作用到外齿圈上的三个过约束均为虚约束。

4.3.3 机构中确定虚约束的方法步骤

① 将机构中运动副对构件产生的约束，简化为约束点相对应的法线分布，初步确定机构中的并联构件，将机构中的运动副简化为约束点上的静法线和动法线，并利用法线几何定理来分析判断运动副约束点上法线对并联构件自由度的限制。

② 对自由度有重复约束的并联构件，通过形成虚约束的三个必要条件，对具有重复约束自由度的并联构件进行速度匹配分析。

③ 如果符合虚约束判定的三个条件，即可确定构件上的虚约束数量以及自由度性质。

4.4 基于约束法线的机构自由度通用公式的建立

机构在运动过程中运动副会对构件产生约束，通过法线传递会产生相应的静法线和动法线，具有一定几何关系的动法线和静法线都会对构件产生约束。当机构中的构件通过运动副连接后，运动副就会对下级构件产生相应的约束以及运动传递。因此，机构的自由度就是构件的总自由度数目减去运动副产生约束的总数目。但机构中如果存在虚约束，则需再减去虚约束的数目，这样才能得到准确的机构自由度。因此，基于约束法线建立的法线定理，关键的作用在于通过几何判定定理，准确计算机构中虚约束的数目。

4.4.1 建立机构自由度通用公式的基本思路

根据机构中构件静法线的数量及几何关系、法线所在空间维度来确定该构件是否过约束并计算过约束法线的数量；再由过约束构件各约束点的约束法线是否连续判断构件是否存在虚约束；由机构中构件的数量、各运动副法线数量之和、过约束法线数量建立具有普适性的自由度计算公式。

方法基本分析思路：

① 简化机构运动副产生的约束，用约束法线表示对构件产生的约束，根据法线几何关系，判断构件上的过约束数目和性质。

② 判断过约束构件在各约束点处产生的约束法线是否满足速度匹配，分析过约束的几何关系是否具有连续性。

③ 构件上的过约束若满足速度匹配，则为虚约束；若不满足速度匹配，则为瞬时过约束，发生位置变化，则变为构件的实约束。

将“判断刚体过约束的几何定理”扩展为“判断机构中构件过约束的几何定理”，把运动副上产生的约束转化为约束点上法线的数量以及位置关系，通过约束法线几何定理以及速度匹配验证方法，来确定过约束是否连续，从而分析判断机构中虚约束的数目。然后将机构中构件数目、各运动副法线总数量、虚约束法线数量等参数代入计算公式，得到准确的机构自由度。

4.4.2 机构自由度通用公式的建立

若某机构中有 n 个活动构件，每个构件的自由度数目为 j，则当各构件都处于自由状态时的自由度总数量为 nj。假设该机构中有 m 个运动副，每个运动副限制自由度的数量为 p_i，则各个运动副之间相互约束的自由度总数量为 $\left(\sum_{i=1}^{m} p_i\right)$，如果该机构中共有 V 个虚约束，即 V 个约束没有起到约束自由度的作用，这样机构中各个构件之间实际约束自由度的总数量为 $\left(\sum_{i=1}^{m} p_i - V\right)$。

显然，机构中全部构件都处于自由状态时的自由度总数量 nj 减去机构中各个构件之间实际约束自由度的总数量 $\left(\sum_{i=1}^{m} p_i - V\right)$，就是机构自由度 F，即：

$$F = nj - \left(\sum_{i=1}^{m} p_i - V\right) = nj - \sum_{i=1}^{m} p_i + V \tag{4.1}$$

式（4.1）为自由度通用计算公式。

式中 F——机构自由度；

n——机构中活动构件的总数量；

j——每个构件的自由度数量；

m——机构中运动副的总数量；

p_i——各运动副约束自由度的数量；

V——机构中虚约束的总数量。

在自由度计算公式中，其它参数很容易确定，难点在于虚约束总数量 V 的确定。

4.4.3 机构自由度分析计算的步骤

基于机构中运动副在各约束点等效的约束法线来判断机构中存在的虚约束的数目。然后，机构中所有构件的自由度总数量减去这些构件通过各种运动副产生的运动约束总数量，再将机构中产生重复约束的虚约束数目减去，得到的就是各个构件相对于机架运动的数量，而该数量即包含机构自由度（独立运动的数目）。因此，这种自由度分析方法是基于机构中约束法线的几何关系来分析判断构件自由度的约束情况，它能够适应各种刚性机构。具体分析计算步骤如下：

① 从机构中找出并联构件，确定作用于并联构件上的法线数量与类型及其几何关系。根据机构简图找出机构中的所有并联构件，按表 3.1 确定作用于并联构件中的各运动副的法线数量及其几何关系，然后确定作用到各构件上的法线类型。对于较简单的平面机构，无效动法线不必画出。

② 并联构件的自由度与过约束分析。根据作用到并联构件上的法线数量与类型、几何关系，分别判断静法线与动法线对并联构件自由度的影响，然后综合判断并联构件受到的约束与过约束的数量与性质。混联机构中往往有多个并联构件，必须分析每个并联构件的过约束数量。

③ 机构中虚约束及其数量的确定。根据机构中相关构件的几何尺寸关系，分别判断机构运动过程中并联构件的各个过约束是否连续，连续的过约束就构成虚约束，由此可获得机构中虚约束的总数量。

④ 机构自由度计算。将虚约束的总数量、机构中活动构件的数量、运动副数量及其对应的约束点数量代入式（4.1）便可求出机构自由度。

4.5 本章小结

本章介绍了虚约束的定义以及虚约束在机构中所产生的影响，明确了虚约束与过约束之间的关系，即机构中某些构件存在过约束是虚约束形成的必要条件。阐明了虚约束的形成机理，找到了构件形成虚约束的三个必要条件，并提出了判断瞬时虚约束以及过约束构件速度匹配的方法，为机构中虚约束的判断及机构自由度公式的建立提供了依据。分析推导机构自由度、各构件自由度总数量、各构件之间运动副约束自由度的总数量、虚约束的总数量四者之间的平衡方程，建立了计算机构自由度的新方法。

CHAPTER 5

第5章 基于约束法线的平面机构自由度分析计算

平面机构是指组成机构的所有构件都在同一平面或相互平行的平面内运动。在平面机构中，各构件只做平面运动。所以每个自由构件在平面内具有三个独立运动。构件在运动平面内可沿两个不共线的轴方向移动和在平面内做转动。在平面机构中，两构件通过运动副连接后，使构件独立运动受到了限制，自由度随之减少，对独立运动所加的限制称为约束。不同类型的运动副引入的约束不同，所保留的自由度也不同。例如转动副，约束了 2 个移动自由度，保留了 1 个转动自由度；而移动副约束了构件沿某一轴方向的移动和平面内转动 2 个自由度，保留了沿另一轴方向移动的自由度；高副则只约束了构件沿接触点公法线方向移动的自由度，保留绕接触点转动和沿接触点公切线方向移动 2 个自由度。在运动副引入的约束中，有些约束对机构自由度的影响是重复的。对机构运动不起限制作用的重复约束，称为平面机构的虚约束，在传统的平面机构自由度计算中，是靠经验识别，除去不计。但这样缺少理论依据，分析不严谨。本章结合平面机构与约束法线几何判定理论，提出一种平面机构自由度计算方法。通过先判定机构中的并联构件，再根据并联构件上法线的数量及其几何关系，来判定构件及其机构的自由度，为平面机构的自由度分析提供新的方法。

5.1 基于约束法线的平面机构自由度分析计算的步骤

机构自由度计算的难点主要是虚约束的识别，虚约束识别不当会使机构自由度的计算出现错误。本章将平面机构中的运动副用法线表示，通过约束法线几何定理来分析判断构件的自由度约束情况，从而确定虚约束的数量。将参数代入计算公式，得到准确的机构自由度。具体分析步骤为：

① 从平面机构中找出并联构件，确定作用于并联构件上的法线数量与类型及其几何关系。

② 并联构件的自由度与过约束分析。

③ 机构中虚约束及其数量的确定。

④ 机构自由度计算。

若某平面机构中有 n 个活动构件，每个构件的自由度数目为 3，则当各构件都处于自由状态时的自由度总数量为 $3n$。机构中全部构件都处于自由状态时的自由度总数量 $3n$ 减去机构中各个构件之间实际约束自由度的总数量 $\left(\sum_{i=1}^{m} p_i - V\right)$ 就是机构自由度 F，式（5.1）为自由度通用计算公式。

$$F = 3n - \left(\sum_{i=1}^{m} p_i - V\right) = 3n - \sum_{i=1}^{m} p_i + V \tag{5.1}$$

5.2 虚约束判断与机构自由度的实例分析计算

5.2.1 存在虚约束的平面机构自由度实例分析

(1) 等径凸轮机构自由度分析与计算

① 并联构件的自由度与过约束分析。

如图 5.1 为等径凸轮机构的法线分布简图，构件 2 为凸轮，构件 3 在 A、B 两处的移动副轴线平行。构件 2 在 O_1、O_2 两点对构件 3 产生共线约束法线，且基于构件 2 与机架通过 O 点的转动副连接，在平面内有转动自由度，说明共线法线是动法线，记作 F_{d23}。根据定理 7，作用到构件 3 上的两条动法线共线，因此有一个过约束。

根据机构几何条件可知，机架在 A、B 两端通过移动副与构件 3 连接，因移动副轴向平行，可简化成 4 条平行静法线，记作 F_{j13}。由定理 5 可知，任意两条平行静法线，约束构件 3 在 X 方向的移动自由度以及平面内的转动自由度，因此多出的两条平行静法线为构件 1 上的过约束法线。

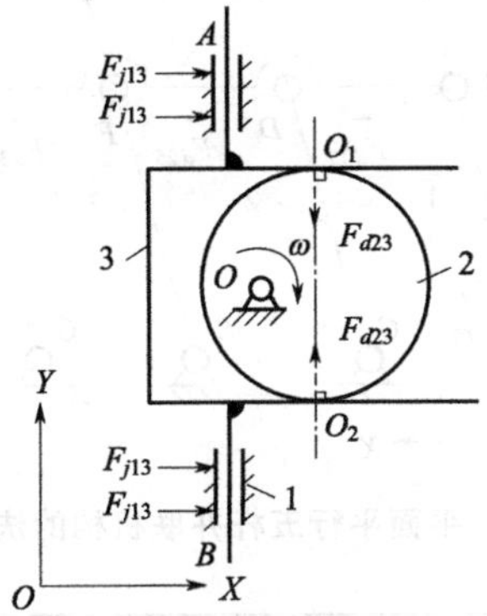

图 5.1　等径凸轮机构的法线分布

② 机构中虚约束及其数量的确定。

机构在运动过程中，构件 2 上的过约束在约束点处产生的动法线始终共线，速度瞬心一直在法线的无穷远处，约束点速度相等，因此满足速度匹配。

机构在运动过程中，并联构件上的平行静法线 F_{j13} 的位置、方向不发生变化，动法线 F_{d23} 位置会变化但始终共线，所以并联构件 3 上的过约束连续。

这样构件 3 上的三个过约束是虚约束，则有：$V=3$。

③ 机构自由度计算。

机构有两个活动构件，$n=2$，有 2 个高副，有 1 个转动副，有 2 个移动副，虚约束的数量 $V=3$，代入自由度计算公式可得：

$$F=3n-\sum_{i=1}^{m}p_i+V=3\times2-1\times2-2\times1-2\times2+3=1$$

(2) 平面平行五杆并联机构自由度分析与计算

① 并联构件的自由度与过约束分析。

如图 5.2 为平面平行五杆并联机构的法线分布图，构件 5 为并联构件，构件 1、2、3、4 平行且相等。

首先根据机构的拓扑图（图 5.3）可以看到，机架通过转动副将构件 1、2、3、4 分别与构件 5 连接，构件 1、2、3、4 在 B、D、F、H 四点对构件 5 产生平行约束法线 F_{j15}、F_{j25}、F_{j35}、F_{j45}，且基于构件 1、2、3、4 与机架通过 B、D、F、H 点的转动副连接，在平面内有转动自由度。

根据定理 8，作用到构件 5 上的四条静法线 F_{j15}、F_{j25}、F_{j35}、F_{j45} 平行，因此有两个过约束。

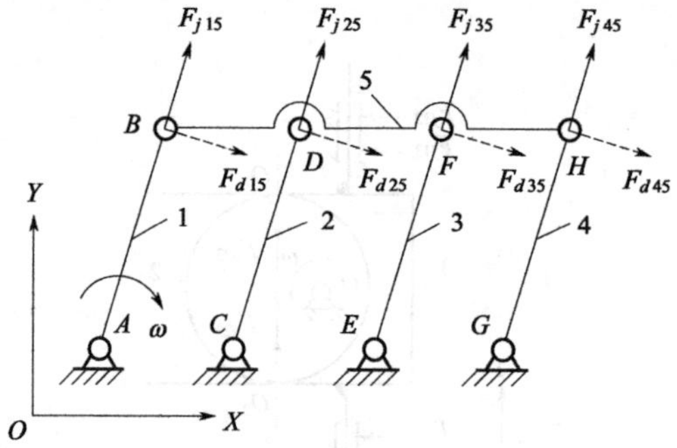

图 5.2　平面平行五杆并联机构的法线分布

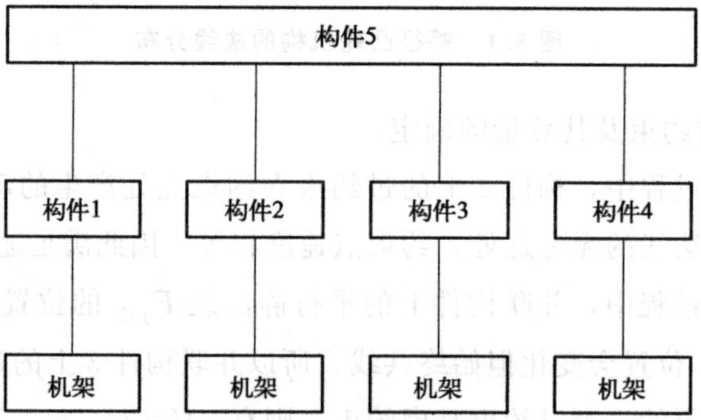

图 5.3　平面平行五杆机构的拓扑图

② 机构中虚约束及其数量的确定。

当机构位置发生变化时，连接构件 5 的四个杆件等长且平行，运动瞬心在无穷远处，B、D、F、H 点的速度一直相等且运动方向相同，因此满足速度匹配，这样机构中的过约束就成为虚约束，因此 $V=2$。

③ 机构自由度计算。

机构中除机架外，机构共有 5 个活动构件，有 8 个转动副，虚约束的数量 $V=2$，代入自由度计算公式可得：

$$F=3n-\sum_{i=1}^{m}p_i+V=3\times5-2\times8+2=1$$

(3) 压力机平面机构自由度分析与计算

① 并联构件的自由度与过约束分析。

如图 5.4 所示为压力机平面机构的法线分布图，机构的所有构件与运动副在平面内沿构件 1 所在直线对称。构件 8 受到 5、6 两个杆件与机架的共同约束，因此构件 8 可作为机构的并联构件。构件 1 通过移动副与机架连接，将平面运动副简化为法线，构件 1 在 X 方向有两条平行静法线 F_{j01} 的作用，根据定理 2 可知，构件 1 在 X 方向的移动自由度以及平面内的转动自由度都被限制，只有垂直于法线沿 Y 方向的移动自由度。

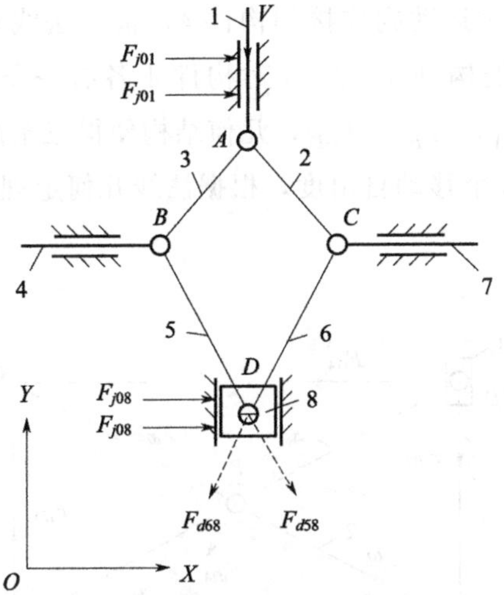

图 5.4　压力机平面机构的法线分布

构件 1 的 1 个自由度带动构件 2、3 运动产生两个分支，又一起作用到构件 8 上，产生两条相交的动法线 F_{d58}、F_{d68}。根据定理 6，相交的动法线限制约束构件移动自由度，基于初始运动构件 1 具有向下的移动自由度，有效相交动法线约束构件 8 在 X 方向的移动自由度，又因机架与构件 8 通过移动副连接，产生两条平行静法线 F_{j08}，构件 8 沿 X 方向的移动自由度和平面内的转动自由度被约束。根据定理 9 可知，有效相交动法线和平行静法线都约束了构件 8 在 X 方向的移动自由度，构件 8 有一个过约束。

② 机构中虚约束及其数量的确定。

根据几何条件，机构的所有构件与运动副在平面内沿构件 1 所在轴线对称，使得构件 5、构件 6 传递到构件 8 在 Y 方向的速度分量相同，即速度匹配。在运动过程中，并联构件上法线的几何关系不发生变化，因此过约束具有连续性，构成了虚约束：$V=1$。

③ 机构自由度计算。

机构有 8 个活动构件，$n=8$，有 8 个转动副，有 4 个移动副，虚约束的数量 $V=1$，代入自由度计算公式可得：

$$F=3n-\sum_{i=1}^{m}p_i+V=3\times8-2\times8-2\times4+1=1$$

(4) 椭圆仪机构自由度分析与计算

① 并联构件的自由度与过约束分析。

如图 5.5 是椭圆仪机构的法线分布图，几何条件满足：构件长度 $l_{AB}=l_{BC}=l_{BD}$。构件 1、2、3 通过运动副连接到构件 4，根据法线传递规律可得，通过转动副与构件 4 相连接的构件 1、2、3 对构件 4 各有一条静法线，分别是 F_{j14}、F_{j24}、F_{j34}，又由于 $l_{AB}=l_{BC}=l_{BD}$，几何结构使得三条静法线相交于 O 点，约束构件 4 在平面内的 2 个移动自由度，根据法线几何定理可知，构件 4 上的静法线产生一个过约束。

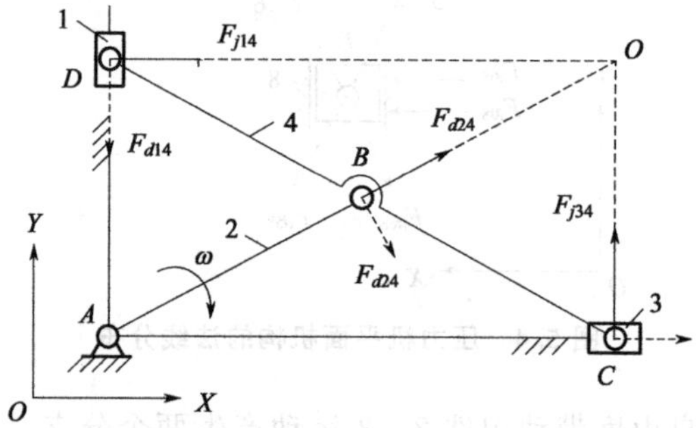

图 5.5　椭圆仪机构的法线分布

② 机构中虚约束及其数量的确定。

因机构几何条件满足构件长度 $l_{AB}=l_{BC}=l_{BD}$，当机构位置发生变化时，静法线 F_{j14}、F_{j24}、F_{j34} 始终共点相交，围绕瞬心的角速度始终相同。因此过约束构件 4 的三个约束点速度匹配，根据过约束判定定理可得，构件 4 上的过约束为一个虚约束，即 $V=1$。

③ 机构自由度计算。

椭圆仪机构有 4 个活动构件，$n=4$，有 4 个转动副，有 2 个移动副，虚约束的数量 $V=1$，代入自由度计算公式可得：

$$F=3n-\sum_{i=1}^{m}p_i+V=3\times4-2\times4-2\times2+1=1$$

(5) 压床机构的平面机构自由度分析与计算

① 并联构件的自由度与过约束分析。

如图 5.6 所示是一款压床机构的法线分布图，该机构也是典型的存在虚约束的自由度计算实例。构件 1 为原动件，通过构件 2 作用于构件 4，根据定理 9 可知，产生的两条动法线基于两个构件的运动，为无效动法线，不限制构件 4 的自由度。

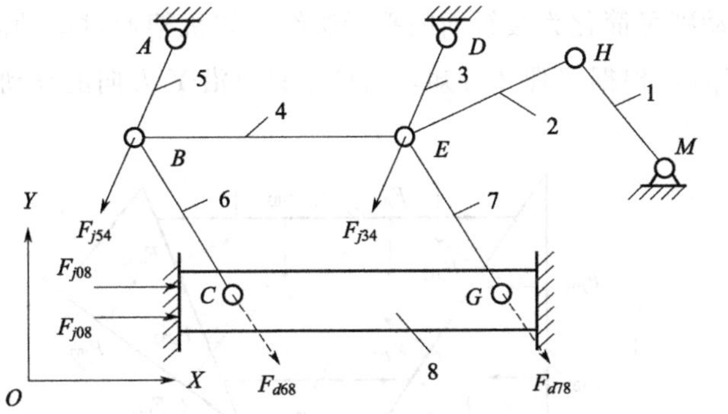

图 5.6 压床机构的法线分布

平行等长构件 3、5 共同作用于构件 4，构件 4 为并联构件，根据运动副法线的简化和判定可知，构件 3、5 两个分支作用于构件 4，产生两条平行静法线 F_{j34}、F_{j54}。由定理 2 可知，平行静法线约束构件 6 沿法线方向的移动自由度和平面内的转动自由度，构件 4 有平面内的 1 个移动自由度。

再由构件 4 的 1 个移动自由度，使三个平行等长构件 6、7 一起约束构件 8，构件 8 也是机构的一个并联构件。根据定理 7 可得，基于构件 6 有平面内的移动自由度，两条平行动法线 F_{d68}、F_{d78} 作用于同一构件，约束构件 8 在平面内的转动自由度。同时机架通过移动副约束构件 8，对构件产生 2 条平行静法线 F_{j08}，约束构件 8 在法线方向的移动和平面内的转动自由度。根据定理 10 可得，构件 8 同时受到有效动法线和平行静法线对其在平面内的转动自由度的约束，也产生一个平面内转动自由度过约束。

② 机构中虚约束及其数量的确定。

若原动件 1 发生微小转动，根据机构的几何关系，整个机构的法线约束情况不发生变化，所以出现的构件上的过约束为虚约束，于是可得，整个机构的虚约束数量 $V=1$。

③ 机构自由度计算。

机构在平面内有 8 个活动构件，$n=8$，有 11 个转动副，有 1 个移动副，虚约束的数量 $V=1$，代入自由度计算公式可得：

$$F=3n-\sum_{i=1}^{m}p_i+V=3\times8-2\times11-2\times1+1=1$$

(6) 平面3滑块机构自由度分析与计算

① 并联构件的自由度与过约束分析。

如图5.7所示为平面3滑块机构的法线分布图，构件1、3与机架共同作用于构件2，移动副可简化为接触面的平行法线，如机架通过运动副对构件1产生平行静法线 F_{j01}，根据定理2可知，构件1只有沿 Y 方向的移动自由度。

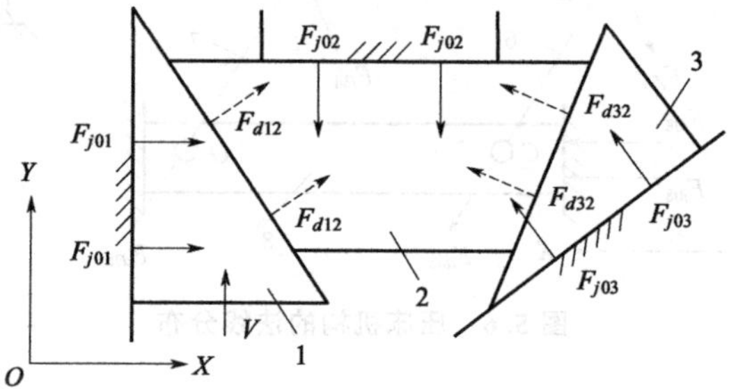

图5.7　平面3滑块机构的法线分布

基于此，构件1与构件2通过移动副产生两条平行动法线 F_{d12}，由定理7可知，平行动法线约束构件2在平面内的转动自由度。同理，构件3也通过平行动法线 F_{d32} 约束构件2在平面内的转动自由度。其次机架通过移动副约束构件2产生两条平行静法线 F_{j02}，约束构件2在 Y 方向的移动自由度与平面内的转动自由度，根据定理10分析可知，并联构件2在平面内的转动自由度有两个过约束。

② 机构中虚约束及其数量的确定。

机构发生微小移动，机构中的法线约束情况不发生变化，所以在构件上的过约束为虚约束，由此可得整个机构的虚约束数量 $V=2$。

③ 机构自由度计算。

机构在平面内有3个活动构件，$n=3$，有5个移动副，虚约束的数量 $V=2$，代入自由度计算公式可得：

$$F=3n-\sum_{i=1}^{m}p_i+V=3\times 3-2\times 5+2=1$$

(7) 三平行杆机构自由度分析与计算

① 并联构件的自由度与过约束分析。

图5.8是平面三平行杆机构的法线分布图，几何条件满足：构件长度 $l_{BC}=$

$l_{EF}=l_{HG}$，$l_{AF}=l_{DE}$，$l_{AB}=l_{DC}$，$l_{AH}=l_{DG}$。构件都用转动副连接，将运动副简化为法线，构件 1 对构件 3、4、5 在 B、F、H 点产生三条静法线 F_{j13}、F_{j14}、F_{j15}，同样构件 2 对构件 3、4、5 在 C、E、G 点产生静法线 F_{j23}、F_{j24}、F_{j25}。

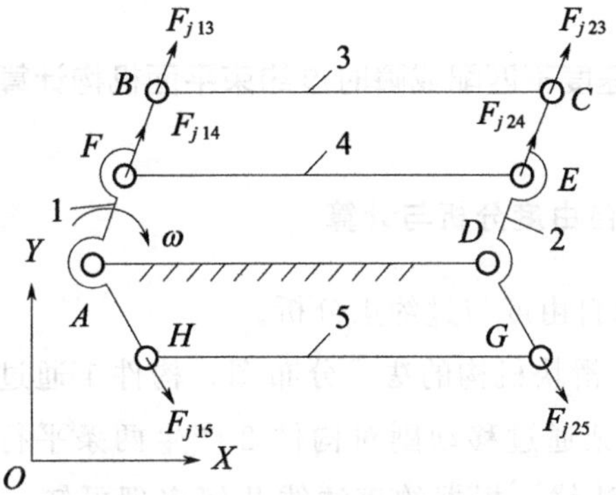

图 5.8　平面三平行杆机构的法线分布

图 5.9 是该机构的拓扑图，构件 1、2 通过构件 3、4、5 传递运动，构件 3、4、5 上都各有两条平行静法线作用，根据约束构件 3、4、5 都只有在平面内的相同移动自由度，产生两个重复约束。

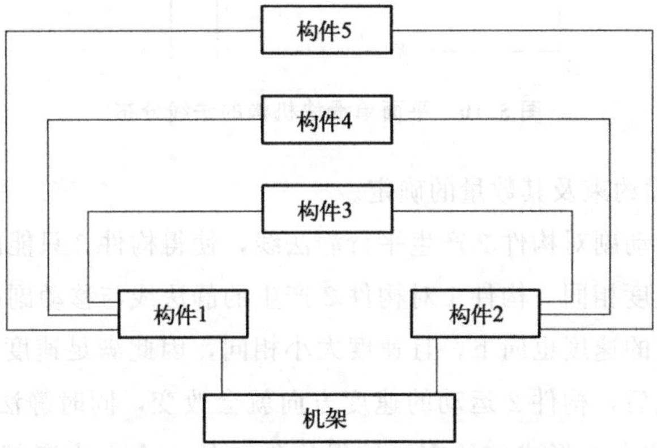

图 5.9　平面三平行杆机构的拓扑图

② 机构中虚约束及其数量的确定。

两个过约束构件 1、2 绕着 A、D 两点运动的过程中，因其连接杆满足 $l_{AF}=l_{DE}$、$l_{AB}=l_{DC}$、$l_{AH}=l_{DG}$ 的几何条件，可使构件 1、2 有相同的转动角速度，满足速度匹配，因此构件 1、2 上的过约束都为虚约束，即：$V=2$。

③ 机构自由度计算。

机构在平面内有 5 个活动构件，$n=5$，有 8 个转动副，虚约束的数量 $V=2$，代入自由度计算公式可得：

$$F=3n-\sum_{i=1}^{m}p_i+V=3\times5-2\times8+2=1$$

5.2.2 过约束构件速度不匹配或瞬时过约束平面机构计算实例

(1) 单滑块机构自由度分析与计算

① 单滑块构件的自由度与过约束分析。

图 5.10 为平面单滑块机构的法线分布图，构件 1 通过转动副对构件 2 产生一条静法线 F_{j12}，机架通过移动副对构件 2 产生两条平行静法线 F_{j02}，构件 2 上共形成三条平行静法线，根据约束法线几何定理可知，构件 2 上产生一个过约束。

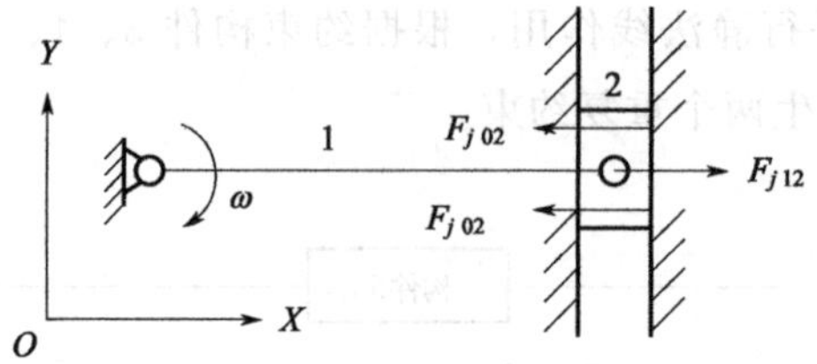

图 5.10 平面单滑块机构的法线分布

② 机构中虚约束及其数量的确定。

机架通过运动副对构件 2 产生平行静法线，使得构件 2 只能向下移动，且在约束点产生的速度相同，构件 1 对构件 2 产生的静法线与移动副产生的平行，因此对构件 2 产生的速度也向下，且速度大小相同，因此满足速度匹配。但构件 1 在发生位置变化后，构件 2 运动的速度方向就会改变，同时静法线 F_{j12} 会与平行静法线 F_{j02} 相交，形成实约束，使得构件 2 的 3 个自由度都被约束。因此，构件 2 上的过约束只是瞬时过约束，不构成虚约束，$V=0$。

③ 机构自由度计算。

机构在平面内有 2 个活动构件，$n=2$，有 2 个转动副，每个转动副限制 2 个自由度，有 1 个移动副，每个移动副限制 2 个自由度，虚约束的数量 $V=0$，代入自由度计算公式可得：

$$F=3n-\sum_{i=1}^{m}p_i+V=3\times2-2\times2-2\times1+0=0$$

(2) 平面平行不等长 5 杆机构自由度分析与计算

① 并联构件的自由度与过约束分析。

图 5.11 为平面平行不等长 5 杆机构的法线分布图中，根据法线的传递规律可知，构件 1、2、3、4 在平面内对构件 5 产生相互平行的静法线：F_{j15}、F_{j25}、F_{j35}、F_{j45}。根据约束法线几何定理判定，平行静法线约束构件 5 在平面内的转动以及沿法线方向的移动，多出的 2 条平行静法线为过约束，构件 5 有两个过约束。

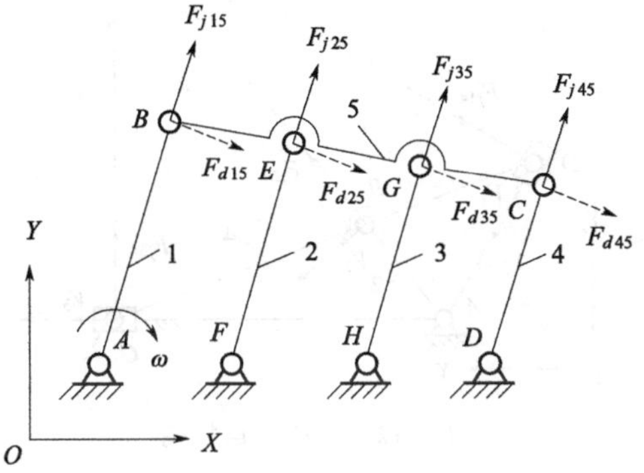

图 5.11　平面平行不等长 5 杆机构的法线分布

② 机构中虚约束及其数量的确定。

由几何条件知，构件 1、2、3、4 的长度不相等，设定在构件 5 上的 B、E、G、C 的速度相同，但在位置发生变化时，构件 1、2、3、4 的角速度不相同，使产生的静法线不平行，瞬心的位置也会不断变化，从而产生实约束，这样四条不共点相交法线会产生一个过约束。

③ 机构自由度计算。

机构在平面内有 5 个活动构件，$n=5$，有 8 个转动副，每个转动副限制 2 个自由度，虚约束的数量为零，但至少会一直有一个过约束，代入自由度计算公式可得：

$$F=3n-\sum_{i=1}^{m}p_i+V=3\times5-2\times8+0=-1$$

(3) 椭圆规变形机构自由度分析与计算

① 并联构件的自由度与过约束分析。

椭圆规变形机构的几何条件为 l_{AB}、l_{BC}、l_{BD} 不相等，构件 4 上的三条静

法线 F_{j14}、F_{j24}、F_{j34} 相交于一点，根据几何定理 3 可知，并联构件 4 在平面内的 2 个移动自由度被约束，有一个过约束。

② 机构中虚约束及其数量的确定。

在如图 5.12 所示位置，构件 4 上的约束法线相交于一点，但由于构件 l_{AB}、l_{BC}、l_{BD} 不相等，使得三条静法线 F_{j14}、F_{j24}、F_{j34} 在移动过程中转动的角速度不相同，不能一直相交于一点，这样构件 4 就会完全被约束，因此过约束为瞬时过约束，因此虚约束 $V=0$。

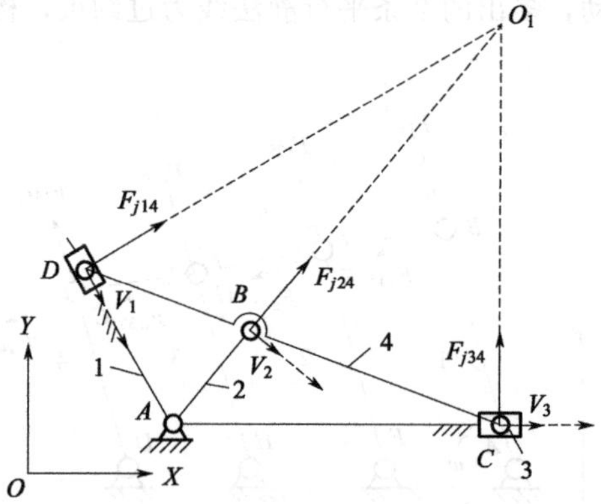

图 5.12　瞬心共点机构

③ 机构自由度计算。

机构在平面内有 4 个活动构件，$n=4$，有 4 个转动副，有 2 个移动副，虚约束的数量 $V=0$，代入自由度计算公式可得：

$$F=3n-\sum_{i=1}^{m} p_i+V=3\times4-2\times4-2\times2+0=0$$

从上述三个机构分析实例可以看出，三个机构中虽然都存在过约束，但由于速度不匹配以及瞬时过约束的影响，过约束都为实约束，自由度计算结果符合实际情况。

5.2.3　单自由度平面机构的自由度与计算分析实例

(1) 单自由度平面机构自由度分析与计算实例 1

① 并联构件的自由度与过约束分析。

图 5.13 也是平面四杆机构，机架通过构件 1、2、3 分别与构件 4 连接。

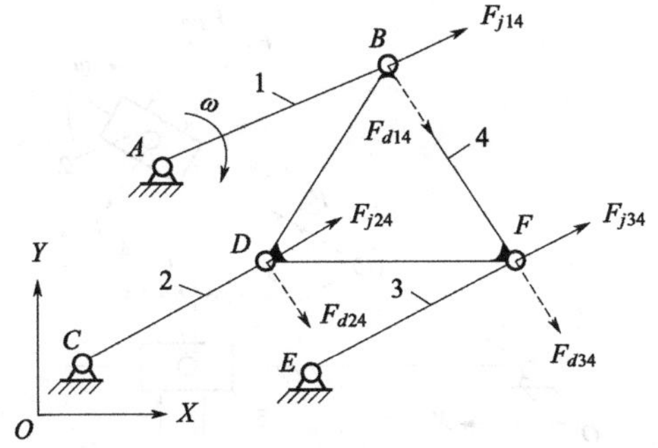

图 5.13 单自由度平面机构的法线分布 1

几何关系满足构件长度 $l_{AB}=l_{CD}=l_{EF}$，则使得构件 1、2、3 在构件 4 上产生的静法线 F_{j14}、F_{j24}、F_{j34} 平行。构件 4 有三条平行静法线，根据判断构件过约束的几何定理，两条平行静法线就可以约束构件在平面内的转动自由度以及沿法线方向的移动自由度。这样构件 4 上有一个过约束。

② 机构中虚约束及其数量的确定。

又由于构件 1、2、3 等长且平行，因此过约束构件 4 在其约束点 B、D、F 处线速度大小都相等且方向相同，因此速度匹配，所以机构中的过约束为虚约束，则有：$V=1$。

③ 机构自由度计算。

机构在平面内有 4 个活动构件，$n=4$，有 6 个转动副，虚约束的数量 $V=1$，代入自由度计算公式可得：

$$F=3n-\sum_{i=1}^{m} p_i+V=3\times4-2\times6+1=1$$

(2) 单自由度平面机构自由度分析与计算实例 2

① 并联构件的自由度与过约束分析及其数量的确定。

在图 5.14 的机构中，机架与构件 1 通过转动副连接，使得构件 1 只有转动自由度。基于此移动副对构件 2 产生两条平行动法线 F_{d12}，对构件 3 产生一条静法线 F_{j13}，机架通过移动副对构件 5 产生两条平行静法线 F_{j05}，约束构件 5 在平面内的转动和法线方向的移动自由度，而构件 5 对构件 3、4 分别产生静法线 F_{j53}、F_{j54}。根据机构的法线分布可得，每个构件受到的约束只限制相应的自由度，没有出现重复约束，故该机构不存在虚约束，由此可得整个机构的虚约束数量 $V=0$。

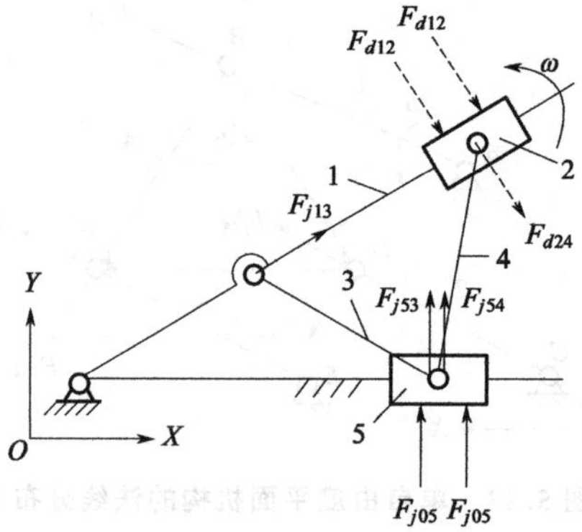

图 5.14 单自由度平面机构的法线分布 2

② 机构自由度计算。

由分析可知：机构在平面内有 5 个活动构件，$n=5$，有 5 个转动副，有 2 个移动副，虚约束的数量 $V=0$，代入自由度计算公式可得：

$$F=3n-\sum_{i=1}^{m}p_i+V=3\times5-2\times5-2\times2+0=1$$

(3) 单自由度平面机构自由度分析与计算实例 3

① 并联构件的自由度与过约束分析。

图 5.15 的机构中，构件 4 为运动输出并联构件，机架对构件 4 有四条平行静法线 F_{j04}，根据法线判定定理可得，一对平行静法线 F_{j04} 已经约束了构件 4 在 Y 方向的移动自由度和平面内的转动自由度，多出的两条平行静法线 F_{j04} 使构件 4 在平面内有两个过约束。构件 3 对构件 4 通过球副产生一对共线动法线 F_{d34}，根据约束法线判定定理可得，共线动法线使得构件 4 上产生一个过约束。

② 机构中虚约束及其数量的确定。

机构发生微小移动，机构中的法线约束情况不发生变化，所以在构件上的过约束为虚约束，由此可得整个机构的虚约束数量 $V=3$。

③ 机构自由度计算。

机构在平面内有 4 个活动构件，$n=4$，有 3 个移动副，3 个转动副，2 个高副，每个高副限制 1 个自由度，1 个局部自由度，虚约束的数量 $V=3$，代入自由度计算公式可得：

$$F=3n-\sum_{i=1}^{m}p_i+V=3\times4-2\times3-2\times3-2\times1+3=1$$

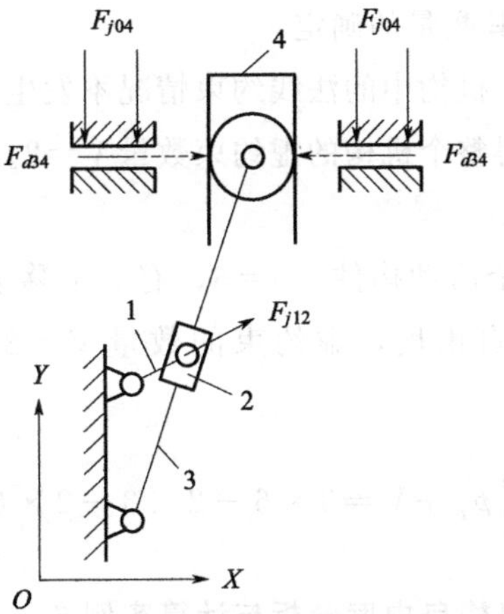

图 5.15　单自由度平面机构的法线分布 3

(4) 单自由度平面机构自由度分析与计算实例 4

① 并联构件的自由度与过约束分析。

如图 5.16 所示，机构中的构件 1 通过高副与构件 2 连接，产生动法线 F_{d12}，机架通过两个移动副对构件 2 产生四条平行的静法线 F_{j02}，根据法线几何定理可以判定，一对平行静法线 F_{j02} 已经约束了构件 2 在 X 方向的移动自由度和平面内的转动自由度，多出的两条平行静法线 F_{j02} 使构件 2 在平面内有两个过约束。机架通过移动副与构件 6 连接，产生两条静法线 F_{j06}，构件 6 通过转动副与构件连接，根据法线传递规律，对构件 5 产生一条静法线 F_{j65}，根据法线几何定理可知，其他构件都没有过约束。

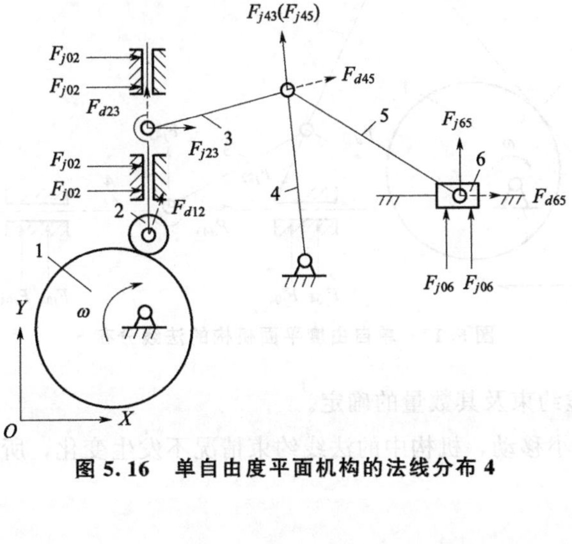

图 5.16　单自由度平面机构的法线分布 4

② 机构中虚约束及其数量的确定。

机构发生微小移动，机构中的法线约束情况不发生变化，所以在构件上的过约束为虚约束，由此可得整个机构的虚约束数量 $V=2$。

③ 机构自由度计算。

机构在平面内有 6 个活动构件，$n=6$，有 3 个移动副，有 6 个转动副，有 1 个高副，有 1 个局部自由度，虚约束的数量 $V=2$，代入自由度计算公式可得：

$$F=3n-\sum_{i=1}^{m}p_i+V=3\times 6-2\times 3-2\times 6-1+2=1$$

(5) 单自由度平面机构自由度分析与计算实例 5

① 并联构件的自由度与过约束分析。

图 5.17 中的平面机构由 4 个构件构成，构件 1 通过高副与构件 2 作用，基于构件 1 的转动自由度，产生的动法线 F_{d12} 是无效动法线，机架通过移动副约束构件 4，产生四条平行静法线 F_{j04}，根据约束法线几何定理可以判定，一对平行静法线 F_{j04} 已经约束了构件 4 在 Y 方向的移动自由度和平面内的转动自由度，因此构件 4 只能左右平动，多出的两条平行静法线 F_{j04} 使构件 4 在平面内有两个过约束。构件 2 对构件 3 有一条静法线 F_{j23}，构件 4 对构件 3 有一条静法线 F_{j43}，根据法线几何定理可知，其他构件都没有过约束。

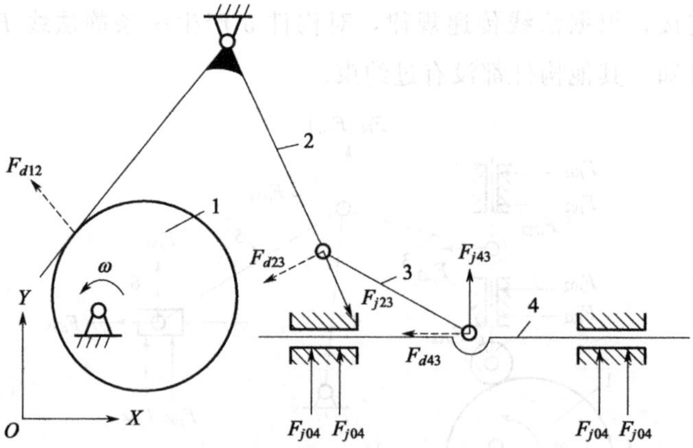

图 5.17　单自由度平面机构的法线分布 5

② 机构中虚约束及其数量的确定。

机构发生微小移动，机构中的法线约束情况不发生变化，所以在构件上的过约束为虚约束，由此可得整个机构的虚约束数量 $V=2$。

③ 机构自由度计算。

机构在平面内有 4 个活动构件，$n=4$，有 2 个移动副，有 4 个转动副，有 1 个高副，虚约束的数量 $V=2$，代入自由度计算公式可得：

$$F=3n-\sum_{i=1}^{m}p_i+V=3\times4-2\times2-2\times4-1\times1+2=1$$

(6) 单自由度平面机构自由度分析与计算实例 6

① 并联构件的自由度与过约束分析。

在如图 5.18 所示的机构中，可以发现局部机构由椭圆仪机构构成。

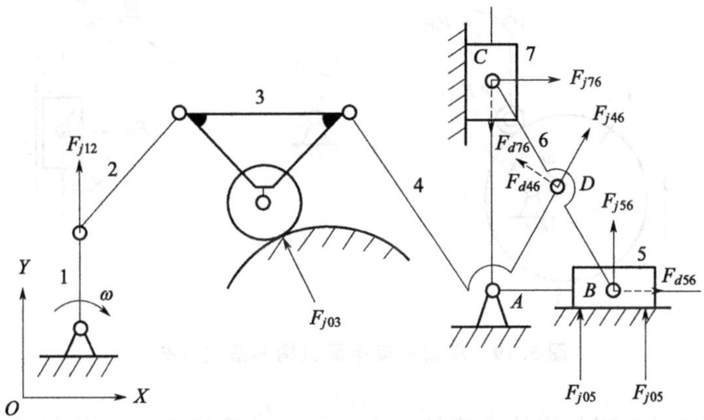

图 5.18　单自由度平面机构的法线分布 6

其几何关系满足 $AB\perp AC$，且构件长度 $l_{AD}=l_{BD}=l_{CD}$，构件 4、5、7 通过转动副与构件 6 连接，且产生的静法线 F_{j46}、F_{j56}、F_{j76} 相交于一点，根据法线几何定理可知，构件 6 在平面内的 2 个移动自由度受到约束，且有一个过约束。根据法线分布，结合法线几何定理可知，其他构件都没有过约束。

② 机构中虚约束及其数量的确定。

机构发生微小移动，机构中的法线约束情况不发生变化，所以在构件上的过约束为虚约束，由此可得整个机构的虚约束数量 $V=1$。

③ 机构自由度计算。

机构在平面内有 7 个构件，$n=7$，有 2 个移动副，有 8 个转动副，有 1 个高副，虚约束的数量 $V=1$，代入自由度计算公式可得：

$$F=3n-\sum_{i=1}^{m}p_i+V=3\times7-2\times2-2\times8-1\times1+1=1$$

(7) 单自由度平面机构自由度分析与计算实例 7

① 并联构件的自由度与过约束分析。

图 5.19 中的机构中，构件 2 底端的滚子存在局部自由度，可以将滚子和构件 2 看成一个整体。

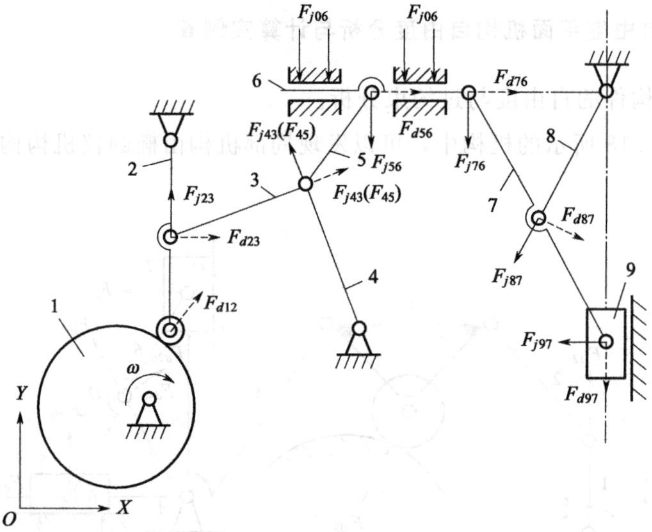

图 5.19　单自由度平面机构的法线分布 7

构件 1 通过高副与构件 2 连接，产生一条动法线 F_{d12}，机架通过两个移动副与构件 6 连接，产生 4 条平行静法线 F_{j06}，根据约束法线几何定理可以判定，一对平行静法线 F_{j06} 已经约束了构件 6 在 Y 方向的移动自由度和平面内的转动自由度，因此构件 4 有 X 方向的移动自由度，只能左右平动，多出的两条平行静法线 F_{j06} 使构件 6 在平面内有两个过约束。而由构件 7、8、9 构成的椭圆仪构件，几何条件也满足角度为直角且构件长度相等的几何条件。与之前的分析相同，可以确定构件 7 上有一个过约束。根据法线分布，可以确定其他构件没有过约束。

② 机构中虚约束及其数量的确定。

机构发生微小移动，机构中的法线约束情况不发生变化，所以在构件上的过约束为虚约束，由此可得整个机构的虚约束数量 $V=3$。

③ 机构自由度计算。

机构有 9 个构件，$n=9$，有 3 个移动副，有 11 个转动副，有 1 个高副，虚约束的数量 $V=3$，代入自由度计算公式可得：

$$F=3n-\sum_{i=1}^{m}p_i+V=3\times 9-2\times 3-2\times 11-1\times 1+3=1$$

(8) 单自由度平面机构自由度分析与计算实例 8

① 并联构件的自由度与过约束分析。

图 5.20 所示的平面机构中，构件 1 通过高副与构件 3 作用，产生两条动法线 F_{d13}，因其法线始终相交于构件 1 圆心，根据法线过约束判定定理可得，构件 3 有一个过约束。机架通过移动副对构件 6 有四条平行静法线 F_{j06}，一对平行静法线 F_{j06} 已经约束了构件 6 在 Y 方向的移动自由度和平面内的转动自由度，因此，构件 4 有 X 方向的移动自由度，只能左右平动，多出的两条平行静法线 F_{j06} 使构件 6 在平面内有两个过约束。根据法线分布分析，其它构件没有过约束。

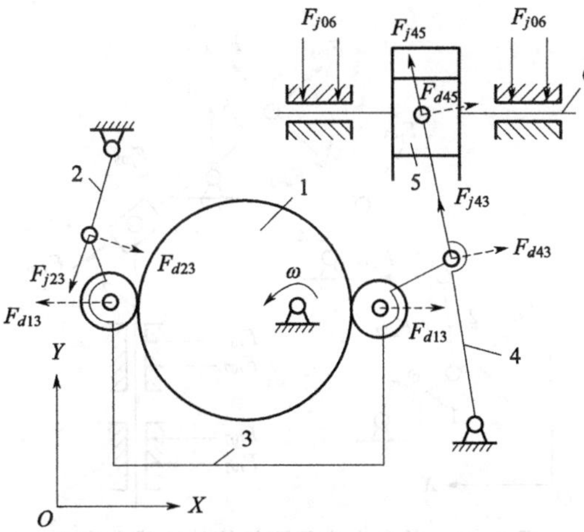

图 5.20 单自由度平面机构的法线分布 8

② 机构中虚约束及其数量的确定。

机构发生微小移动，机构中的法线约束情况不发生变化，所以在构件上的过约束为虚约束，由此可得整个机构的虚约束数量 $V=3$。

③ 机构自由度计算。

机构在平面内有 6 个活动构件，$n=6$，有 3 个移动副，有 6 个转动副，有 2 个高副，虚约束的数量 $V=3$，代入自由度计算公式可得：

$$F=3n-\sum_{i=1}^{m}p_i+V=3\times 6-2\times 3-2\times 6-1\times 2+3=1$$

(9) 单自由度平面机构自由度分析与计算实例 9

① 并联构件的自由度与过约束分析。

在图 5.21 的平面机构中，构件 1 通过转动副与构件 2 连接，产生一条静法线 F_{j12}，构件 3 对构件 2 产生一条动法线 F_{d32}，构件 4 和构件 5 通过转动副分别对构件 3 作用，各产生一条静法线 F_{j43}、F_{j53}，构件 1、4、5、7 通过转动副与机架连接，机架在其约束点都产生两条相交静法线，而机架通过两个移动副与构件 7 连接，在约束点产生四条平行静法线 F_{j07}。一对平行静法线 F_{j07} 已经约束了构件 7 在 X 方向的移动自由度和平面内的转动自由度，因此构件 4 有 Y 方向的移动自由度，只能左右平动，多出的两条平行静法线 F_{j07} 使构件 7 在平面内有两个过约束，根据法线分布，其它构件不存在过约束的情况。

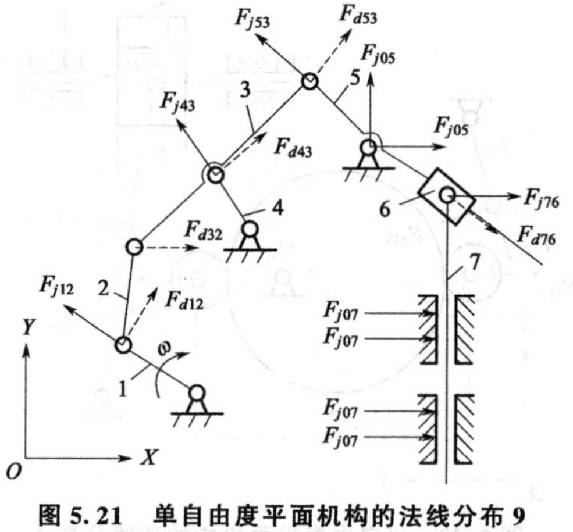

图 5.21 单自由度平面机构的法线分布 9

② 机构中虚约束及其数量的确定。

机构发生微小移动，机构中的法线约束情况不发生变化，所以在构件上的过约束为虚约束，由此可得整个机构的虚约束数量 $V=2$。

③ 机构自由度计算。

机构有 7 个构件，$n=7$，有 3 个移动副，有 8 个转动副，虚约束的数量 $V=2$，代入自由度计算公式可得：

$$F=3n-\sum_{i=1}^{m}p_i+V=3\times7-2\times3-2\times8+2=1$$

(10) 单自由度平面机构自由度分析与计算实例 10

① 并联构件的自由度与过约束分析。

如图 5.22 所示，机架与构件 9 通过两个共轴线的移动副连接，在约束点产生四条平行静法线 F_{j09}。根据约束法线几何定理可知，一对平行静法线 F_{j09} 已经约束了构件 9 在 Y 方向的移动自由度和平面内的转动自由度，因此构件 9 有 X 方向的移动自由度，多出的两条平行静法线 F_{j09} 使构件 9 在平面内有两个过约束。因此构件 9 上有两个过约束。再根据法线分布可知，其它构件没有发生过约束。

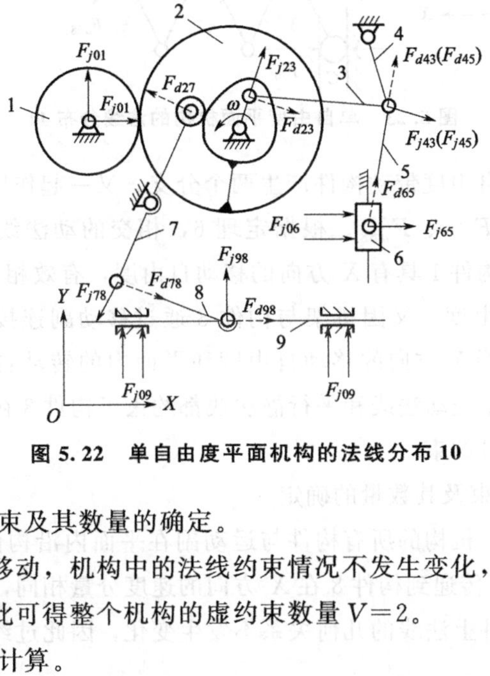

图 5.22 单自由度平面机构的法线分布 10

② 机构中虚约束及其数量的确定。

机构发生微小移动，机构中的法线约束情况不发生变化，所以在构件上的过约束为虚约束，由此可得整个机构的虚约束数量 $V=2$。

③ 机构自由度计算。

机构在平面内有 9 个活动构件，$n=9$，有 3 个移动副，有 10 个转动副，有 2 个高副，虚约束的数量 $V=2$，代入自由度计算公式可得：

$$F=3n-\sum_{i=1}^{m}p_i+V=3\times9-2\times3-2\times10-1\times2+2=1$$

(11) 单自由度平面机构自由度分析与计算实例 11

① 并联构件的自由度与过约束分析。

图 5.23 所示为由多个平行四边形铰接而成，能获得较大的伸缩行程的升降剪式架，是检修作业和仓库中常用的可展伸缩机构。杆 1 与机架通过移动副连

接，由定理 2 可知产生两条平行静法线 F_{j01}，约束构件 1 在 Y 方向的移动自由度和平面内的转动自由度。杆 2、3 左端分别通过球形滚在 B、C 处与机架点接触，在垂直的导槽中移动，产生共线静法线 F_{j02} 和 F_{j03}，由定理 4 可知，共线的约束法线在 B、C 处各产生一个过约束。

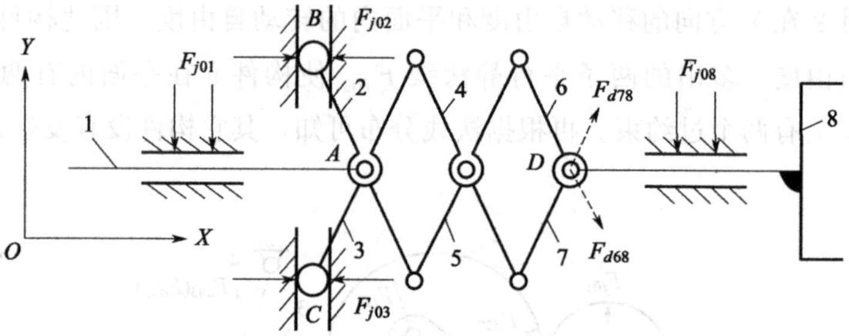

图 5.23　单自由度平面机构的法线分布 11

构件 1 的 1 个自由度带动构件产生两个分支，又一起作用到构件 8 上，产生两条相交的动法线 F_{d78}、F_{d68}。根据定理 6，相交的动法线约束构件移动自由度，基于初始运动构件 1 具有 X 方向的移动自由度，有效相交动法线约束构件 8 在 Y 方向的移动自由度，又因机架与构件 8 通过移动副连接，产生两条平行静法线 F_{j08}，构件 8 沿 Y 方向的移动自由度和平面内的转动自由度被约束。根据定理 9 可知，有效相交动法线和平行静法线都约束了构件 8 在 Y 方向的移动自由度，构件 8 有一个过约束。

② 机构中虚约束及其数量的确定。

根据几何条件，机构的所有构件与运动副在平面内沿构件 1 所在轴线对称，使得构件 6、构件 7 传递到构件 8 在 X 方向的速度分量相同，即速度匹配。在运动过程中，并联构件上法线的几何关系不发生变化，因此过约束具有连续性，构成了虚约束：$V=3$。

③ 机构自由度计算。

机构有 8 个活动构件，$n=8$，有 9 个转动副，有 2 个移动副，4 个高副，虚约束的数量 $V=3$，则有：

$$F=3n-\sum_{i=1}^{m}p_i+V=3\times8-2\times2-2\times9-1\times4+3=1$$

5.2.4　多自由度平面机构的计算实例

结合约束法线几何定理分析机构自由度，方法直观，容易分析判断机构中的过约束和虚约束。为了显示这个方法的通用性，我们也对多自由度平面机构进行了自由度计算和分析，这对之前列出的自由度为1的平面机构自由度分析和计算做了补充和深化。

(1) 多自由度平面机构自由度分析与计算实例1

① 并联构件的自由度与过约束分析。

图5.24的机构中，共有8个构件，机构中全部为低副连接，转动副与移动副的总数量是11。构件1对构件2有一条静法线 F_{j12}，构件2对构件3有一条动法线 F_{d23}，构件3对构件4有一对平行动法线 F_{d34}，构件5对构件6、7分别有一条动法线 F_{d56}、F_{d78}，构件6、7分别受到机架的约束，各自产生两条平行静法线 F_{j06} 和 F_{j08}，根据约束法线判定定理分析各构件间的法线几何关系，该机构中构件没有过约束。

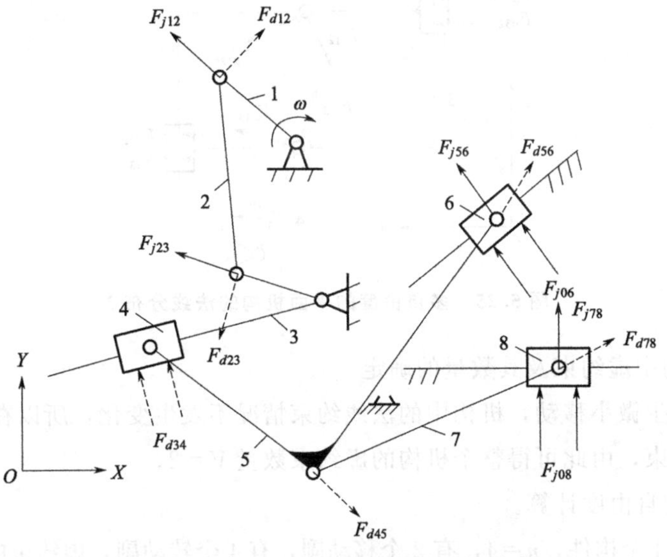

图5.24 多自由度的平面机构的法线分布1

② 机构自由度计算。

机构发生微小移动，机构中的法线约束情况不发生变化，所以在构件上没有虚约束，虚约束数量 $V=0$。

机构有8个构件，$n=8$，有3个移动副，有8个转动副，虚约束的数量 $V=0$，代入自由度计算公式可得：

$$F=3n-\sum_{i=1}^{m} p_i+V=3\times8-2\times3-2\times8+0=2$$

(2) 多自由度平面机构自由度分析与计算实例 2

① 并联构件的自由度与过约束分析。

如图 5.25 所示的机构，由四个构件构成，构件 2 与构件 3 通过移动副连接，且两个移动副的轴线平行，机架又通过构件 4 与构件 3 产生约束，基于构件 3 的转动自由度，使得构件 3 对构件 2 有四条平行动法线 F_{d32}，根据动法线过约束判定定理可知，由同一构件运动产生的四条平行动法线有两个过约束。构件 1 通过转动副与构件 2 连接，产生一条静法线 F_{j12}，约束构件 2 的 1 个移动自由度。

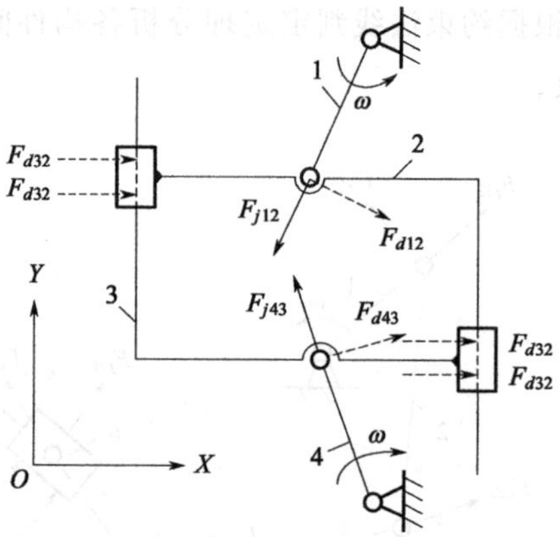

图 5.25　多自由度的平面机构的法线分布 2

② 机构中虚约束及其数量的确定。

机构发生微小移动，机构中的法线约束情况不发生变化，所以在构件上的过约束为虚约束，由此可得整个机构的虚约束数量 $V=2$。

③ 机构自由度计算。

机构有 4 个构件，$n=4$，有 2 个移动副，有 4 个转动副，虚约束的数量 $V=2$，代入自由度计算公式可得：

$$F=3n-\sum_{i=1}^{m} p_i+V=3\times4-2\times2-2\times4+2=2$$

(3) 多自由度平面机构自由度分析与计算实例 3

① 并联构件的自由度与过约束分析。

如图 5.26 所示的机构，机架通过移动副分别与构件 3、7、10 连接，各自在约束点产生两条平行静法线，约束构件在平面内的转动自由度以及沿法线方向的移动自由度。其它构件通过运动副的连接，在其运动副的接触面等效为相应的静法线和动法线，根据法线的分布，结合约束法线几何定理可以判定，所有构件都不存在过约束。所以整个机构的虚约束数量 $V=0$。

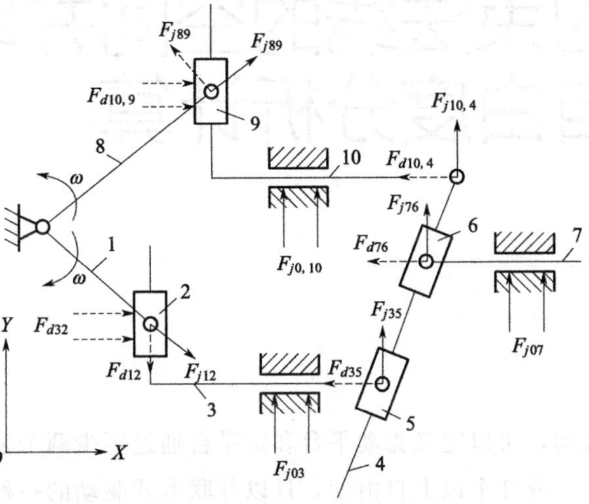

图 5.26　多自由度的平面机构的法线分布 3

② 机构自由度计算。

机构有 10 个构件，$n=10$，有 7 个移动副，有 7 个转动副，虚约束的数量 $V=0$，代入自由度计算公式可得：

$$F=3n-\sum_{i=1}^{m}p_i+V=3\times10-2\times7-2\times7+0=2$$

5.3 本章小结

本章应用提出的基于约束法线的机构自由度计算方法，针对典型的平面机构：存在虚约束的平面机构、瞬时虚约束平面机构、单自由度平面机构以及多自由度平面机构，进行自由度分析，得到的解与原型相同。特别是在有虚约束的机构自由度分析中，可以准确识别判断虚约束的产生原因和约束性质以及虚约束的数量，这表明该方法可以克服虚约束对机构自由度分析计算带来的困难，能有效应用于机构的自由度分析。

第6章 CHAPTER 6

基于约束法线的空间并联机构自由度分析计算

空间并联机构，可以定义为动平台和定平台通过至少两个独立的运动链相连接，机构具有 2 个或 2 个以上自由度，且以并联方式驱动的一种闭环机构。因其具有机构刚度高、承载能力强、末端质量轻、惯性小和位置误差不累积等特点，现在得到了广泛应用。空间并联机构有着较为复杂的结构，因此，对并联机构基本理论的研究，尤其是自由度的计算已经成为重要的一方面。本章将空间并联机构与约束法线几何判定理论相结合，建立机构自由度计算方法。通过先判定机构中的并联构件，再根据并联构件上法线的数量及其几何关系，来判定构件及其机构的自由度，为空间并联机构的自由度分析提供了新的方法和思路。特别对典型空间 3-RRC 并联机构用不同方法进行自由度分析，对比分析计算方法的优势。

6.1 基于约束法线的空间并联机构自由度分析计算的步骤

空间并联机构自由度计算的难点也是虚约束影响机构自由度的准确计算，主要分析思路也是将并联构件上运动副用法线表示，通过约束法线几何定理分析判断构件的自由度约束情况，分析出虚约束的数量，从而准确计算机构的自由度。具体分析步骤为：

① 从空间并联机构中找出并联构件，确定作用于并联构件上的法线数量与类型及其几何关系。根据机构简图找出机构中的所有并联构件，按运动副的法线表示确定作用于并联构件中的各运动副的法线数量及其几何关系，然后确定作用

到各构件上的法线类型。对于较简单的平面机构，无效动法线不必画出。

② 并联构件的自由度与过约束分析。根据作用到并联构件上的法线数量与类型、几何关系，分别判断静法线与动法线对并联构件自由度的影响，然后综合判断并联构件受到的约束与过约束的数量与性质。

③ 机构中虚约束及其数量的确定。根据机构中相关构件的几何尺寸关系，分别判断机构运动过程中并联构件的各个过约束是否连续，连续的过约束就构成虚约束，由此可获得机构中虚约束的总数量。

④ 机构自由度计算。在空间上完全没有约束的构件有 6 个自由度，若某机构中有 n 个活动构件，则当各构件都处于自由状态时的自由度总数量为 $6n$。显然，机构中全部构件都处于自由状态时的自由度总数量 $6n$ 减去机构中各个构件之间实际约束自由度的总数量 $\left(\sum_{i=1}^{m} p_i - V\right)$，就是机构自由度 F，即：

$$F = 6n - \left(\sum_{i=1}^{m} p_i - V\right) = 6n - \sum_{i=1}^{m} p_i + V \tag{6.1}$$

6.2 基于约束法线的空间并联机构自由度计算实例分析

6.2.1 3-SS 并联机构自由度分析与计算

(1) 并联机构的自由度与过约束分析

图 6.1 为 3-SS 并联机构，3 根中间杆分别约束构件 3，因此构件 3 是并联构

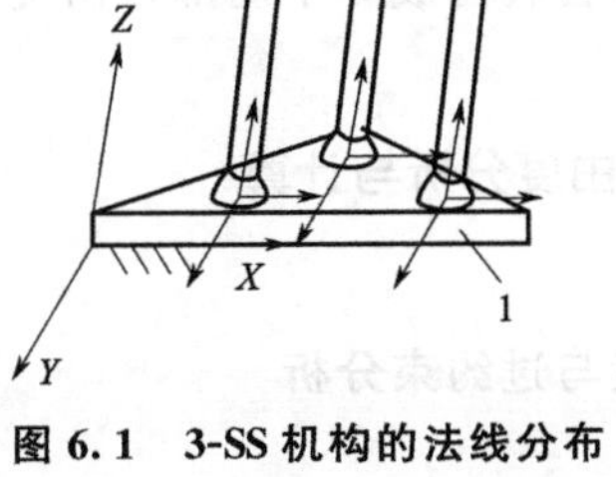

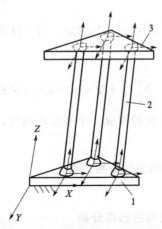

图 6.1　3-SS 机构的法线分布

1—机架；2—中间杆；3—并联构件

件。初级运动副的约束点（球心）处有三条不共面的静法线，根据法线传递规律，在并联构件 3 中，只有中间杆两个球心连线方向的法线为静法线，其余两条法线都是动法线。并联构件中的六条动法线都分别源于中间杆的一个运动，根据定理 12，6 条动法线均为无效动法线。这样，每个分支只有一条静法线对并联构件形成约束。

本机构存在两种运动状态：

状态 1：3 根中间杆长度相等且相互平行，有三条平行静法线作用到并联构件上，根据定理 4，它们限制静法线方向的 1 个移动、绕静法线垂面内 2 个方向的转动。并联构件存在的自由度为：绕中间杆轴线的转动，X、Y 方向的移动。

状态 2：若不能满足状态 1 的几何条件，则 3 根中间杆互不平行，作用到并联构件上的三条静法线方向各异，限制并联构件 3 个方向的移动，并联构件可以绕三根轴进行任意方向的转动。

从上面分析可以看出：①对于 3-SS 机构，无论各构件的几何尺寸及安装位置如何变化，并联构件的自由度均为 3 且不存在过约束；②状态 1 是不稳定的，因为该状态下并联构件能绕中间杆轴线转动，而一旦有了转动，状态 2 必然出现。

(2) 机构中虚约束及其数量的确定

由于 3-SS 机构不存在过约束，肯定不会有虚约束，因此该机构中虚约束的数量 $V=0$。

(3) 机构自由度计算

机构有 4 个活动构件，$n=4$；6 个球副，每个球副都限制 3 个自由度，因此机构自由度：

$$F=6n-\sum_{i=1}^{m}p_i+V=6\times4-3\times6+0=6$$

若不考虑 3 个中间杆的自转构成 3 个局部自由度，机构的实际自由度为 3。

6.2.2 m-SS 并联机构自由度分析与计算

(1) 并联机构的自由度与过约束分析

将图 6.1 中 3-SS 并联机构中的中间杆数量增加至 m 根，就是 m-SS 机构。

图 6.2 为 3-SS、4-SS 机构的实物模型。与 3-SS 机构一样，每个分支只有一条静法线影响并联构件的自由度，这样，作用于并联构件的静法线有 m 条，根据刚体定位的几何定理，并联构件有（$m-3$）个过约束，其自由度的性质类同 3-SS 机构的两种状态。

图 6.2 m-SS 机构实物模型

(2) 机构中虚约束及其数量的确定

状态 1：并联构件在水平面内平动过程中，m 条静法线始终平行，连续地限制静法线方向的 1 个移动与绕静法线垂面内的两个方向的转动，即过约束是连续的，（$m-3$）个过约束构成（$m-3$）虚约束。

状态 2：并联构件在空间绕 m 根轴转动过程中，m 条静法线始终处于异面，能够连续地限制并联构件 3 个方向的移动而构成（$m-3$）个虚约束。

(3) 机构自由度计算

m-SS 机构中，活动构件数量为（$m+1$），机构中虚约束的数量为 $V=m-3$，机构自由度：

$$F=6n-\sum_{i=1}^{m}p_i+V=6\times(m+1)-3\times m+(m-3)=3+m$$

若不考虑 m 个杆件自转构成的 m 个局部自由度，则机构实际自由度为 3。因此，对于 m-SS 机构，无论杆件数量 m 是多少，机构自由度均为 3。通过实验，验证了上述计算结果。

6.2.3 Sarrus 并联机构自由度分析与计算

(1) 并联机构的自由度与过约束分析

图 6.3 中的 Sarrus 机构有两个分支，每个分支有三根轴线平行的转动副，其上端的两个转动副共同约束上平台，因此上平台是并联构件。根据图 6.3 的分析，分支 1 中的两对平行动法线分别限制绕 X 轴与 Z 轴的转动，分支 2 中的两对平行动法线分别限制绕 Y 轴与 Z 轴的转动，所以并联构件有一个绕 Z 轴的转动的过约束。另外，分支 1 的转动副对应的一条静法线限制 Y 方向的移动，分支 2 的转动副对应的一条静法线限制 X 方向的移动，并联构件的 5 个自由度被限制，它只能沿 Z 轴向上移动。

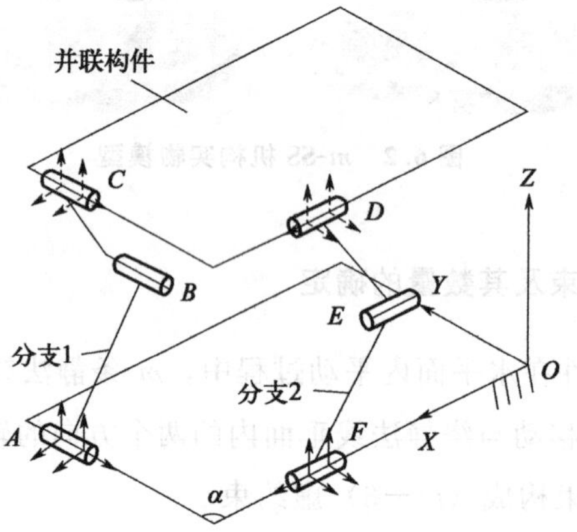

图 6.3 Sarrus 机构的法线分布

(2) 机构中虚约束及其数量的确定

本机构在运动过程中，并联构件上的 4 对平行动法线始终保持平行，限制其 3 个方向的转动，形成的过约束连续，因此该过约束构成一个虚约束，$V=1$。

从上面分析中还可以看出，只要机架上的两个运动副轴线在一个平面内，两个分支中的三条轴线相互平行就可以确保并联构件有连续的过约束。因此，即使图 6.3 中的两个初级转动副的轴线夹角 α 不是 90°或两个分支的构件尺寸各异，机构自由度及并联构件的自由度数量与性质都不会改变。因此，当机构的尺寸及几何关系发生变化时，基于法线的分析方法很容易得到这些变化后的自由度。

(3) 机构自由度计算

机构上有 $n=5$ 个活动构件，6 个转动副，每个转动副约束 5 个自由度，虚约束的数量 $V=1$，因此机构自由度为：

$$F=6n-\sum_{i=1}^{m}p_i+V=6\times5-5\times6+1=1$$

我们用软件对机构进行了运动仿真，证实了上述分析计算结果。

6.2.4 3-PRS 并联机构自由度分析与计算

(1) 并联机构的自由度与过约束分析

图 6.4 所示为 3-PRS 机构，它有三个相同分支，每个分支的初级运动副都是移动副，移动副上安装了一球副，经过连接杆与上平台用转动副连接，三个分支共同约束上平台，因此上平台是并联构件。

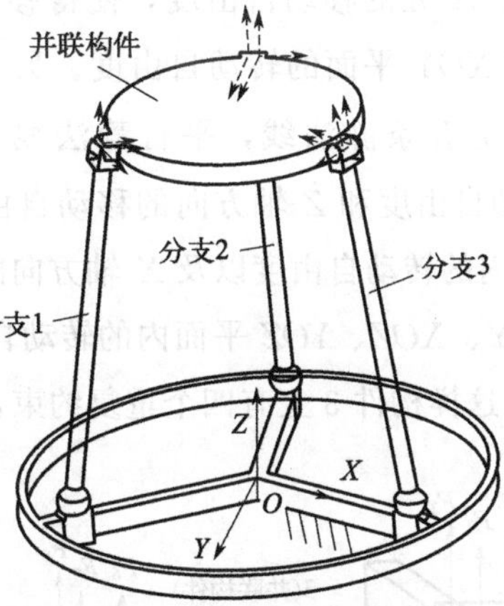

图 6.4 3-PRS 机构的法线分布

图 6.4 分析了该机构中的一个分支对并联构件的约束，每个分支限制并联构件沿导轨垂直方向的移动，这样，并联构件在水平面内有三条相交的静法线。根据定理 3，并联构件在 X、Y 方向的移动与绕 Z 轴转动的自由度被限制，即：并联构件可以绕 X、Y 轴转动，也可沿 Z 轴移动，并联构件中不存在过约束。

(2) 机构中虚约束及其数量的确定

由于 3-PRS 机构上没有过约束，因此虚约束的数量 $V=0$。

(3) 机构自由度计算

3-PRS 机构中活动构件的数量为 7，每个分支中，移动副、球副、转动副各约束 5、3、5 个自由度，故机构自由度为：

$$F=6n-\sum_{i=1}^{m}p_i+V=6\times7-3\times5-3\times3-3\times5+0=3$$

6.2.5 单环斜推并联机构自由度分析与计算

(1) 并联机构的自由度与过约束分析

如图 6.5 所示是由 3 个移动副构成的一个单环斜推并联机构，是一个三滑块机构，具有 3 个构件和 3 个移动副。构件 3 可看成并联构件，一条运动链是：机架 1—构件 2—构件 3，根据法线的传动规律，在移动副 B 处可以得到平行静法线 F_1、F_2、F_3，约束构件在 XOZ、YOZ 平面内的转动自由度和 Z 轴方向的移动自由度；基于构件 2 在 A 处的移动自由度，使得移动副在 B 点产生平行动法线 F_4、F_5，约束构件在 XOY 平面的转动自由度。另一条运动链是：机架 1—构件 3，在移动副 C 处产生五条静法线，平行静法线 F_6、F_7、F_8 约束构件在 XOZ、YOZ 平面内的转动自由度和 Z 轴方向的移动自由度，平行静法线 F_9、F_{10} 约束构件 2 在 XOY 平面内的转动自由度以及 X 轴方向的移动自由度。由上述分析可知：并联构件 3 在 XOY、XOZ、YOZ 平面内的转动自由度以及沿 Z 轴方向的移动自由度出现重复约束，这样构件 3 上有四个重复约束，产生四个过约束。

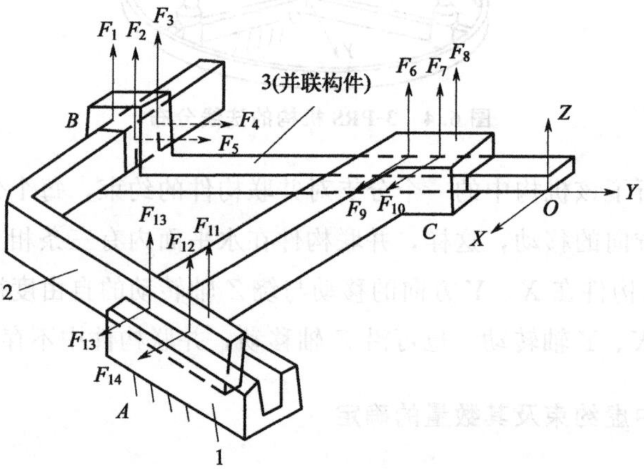

图 6.5 单环斜推并联机构的法线分布

(2) 机构中虚约束及其数量的确定

本机构中的各移动副沿轴线运动过程中，约束法线的几何关系和方向都不发生变化，形成的过约束连续，因此该过约束构成 4 个虚约束，$V=4$。

(3) 机构自由度计算

机构有 $n=2$ 个活动构件，3 个移动副，每个移动副约束 5 个自由度，虚约束的数量 $V=4$，因此机构自由度为：

$$F=6n-\sum_{i=1}^{m}p_i+V=6\times2-5\times3+4=1$$

6.2.6 双滑块 4P 机构自由度分析与计算

(1) 并联机构的自由度与过约束分析

如图 6.6 所示为空间双滑块机构，由空间 4 个移动副构成的空间 4P 机构，4P 机构的四条方向线在空间分布是任意的，至少它们不同时平行于同一平面。根据空间移动副的法线表示，每个移动副转化为在约束点的五条约束法线，可将构件 2 看成并联构件。一条运动链是机架 1—构件 2，在移动副 A 处产生五条静

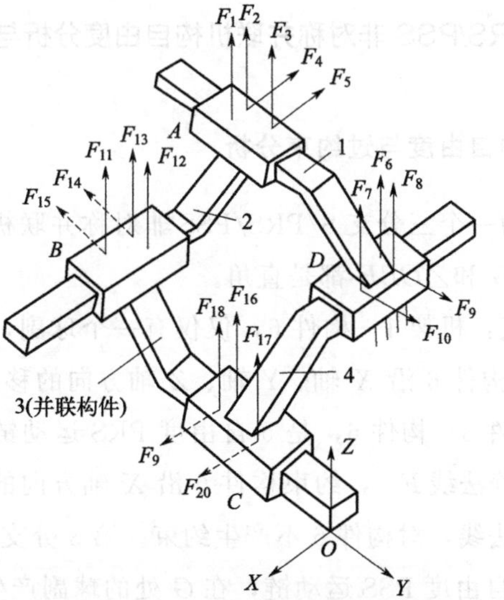

图 6.6 双滑块 4P 机构的法线分布

法线：平行静法线 F_1、F_2、F_3 约束构件在 XOZ、YOZ 平面内的转动自由度和 Z 轴方向的移动自由度；平行静法线 F_4、F_5 约束构件 2 在 XOY 平面内的转动自由度以及 X 轴方向的移动自由度。另一条运动链为机架 1—构件 4—构件 3—构件 2，根据法线的传递，在移动副 B 处可以得到：平行静法线 F_{11}、F_{12}、F_{13}，约束构件在 XOZ、YOZ 平面内的转动自由度和 Z 轴方向的移动自由度；构件 4 在 D 处沿 X 方向的移动自由度，使移动副在 B 点产生平行动法线 F_{14}、F_{15}，约束构件在 XOY 平面的转动自由度。由上述分析可知：并联构件 2 在 XOY、XOZ、YOZ 平面内的转动自由度以及沿 Z 轴方向的移动自由度出现重复约束，这样构件 2 上有四个重复约束，产生四个过约束。

(2) 机构中虚约束及其数量的确定

本机构各移动副沿轴线运动过程中，约束法线的几何关系和方向都不发生变化，形成的过约束连续，因此该过约束构成四个虚约束，$V=4$。

(3) 机构自由度计算

机构有 $n=3$ 个活动构件，4 个移动副，每个移动副约束 5 个自由度，虚约束的数量 $V=4$，因此机构自由度为：

$$F=6n-\sum_{i=1}^{m}p_i+V=6\times3-5\times4+4=2$$

6.2.7 3分支 S/PRS/PSS 非对称并联机构自由度分析与计算

(1) 并联机构的自由度与过约束分析

如图 6.7 所示为一个三分支 S/PRS/PSS 非对称并联机构。机构的上下平台都是三角形，$\angle ADG$ 和 $\angle OBE$ 都是直角。

机构的第 1 分支：机架 1—构件 6，仅仅有一个球副，产生三条静法线 F_1、F_2、F_3，分别约束构件 6 沿 X 轴、Y 轴、Z 轴方向的移动自由度。第 2 分支：机架 1—构件 2—构件 3—构件 6，是 5 自由度 PRS 运动链，根据法线的传递可在 D 处的球副得到静法线 F_{12}，约束构件 6 沿 X 轴方向的移动自由度；动法线 F_{13}、F_{14} 为无效动法线，对构件 6 不产生约束。第 3 分支：机架 1—构件 4—构件 5—构件 6，是 7 自由度 PSS 运动链，在 G 处的球副产生的动法线 F_{23}、F_{24}、F_{25} 均为单条动法线，为无效动法线，对构件 6 不产生约束，第三分支是个无约

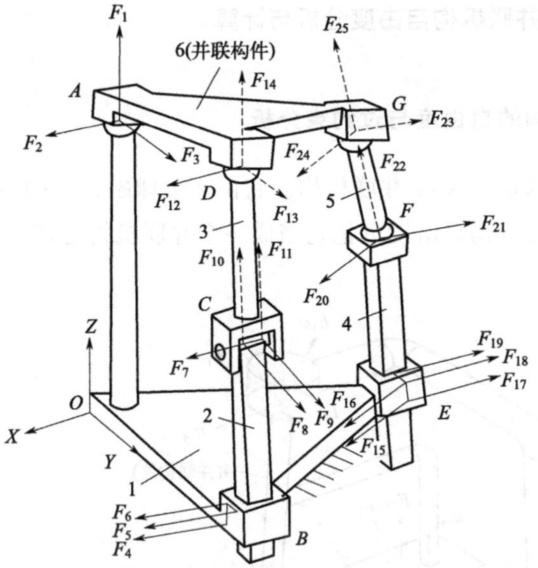

图 6.7　3 分支 S/PRS/PSS 非对称并联机构的法线分布

束分支，不对动平台产生约束，但构件 5 两端都是球副，绕轴线转动的自由度为局部自由度。对整个机构，有四条静法线 F_1、F_2、F_3、F_{12} 对构件 6 产生约束，而且静法线 F_2、F_{12} 在并联构件 6 上构成平行静法线，可约束构件 6 在 XOY 平面内的转动和 X 方向的移动。由上述分析可知：构件 6 失去沿 X、Y、Z 轴方向的移动自由度和在 XOY 平面内的转动自由度，只有在 XOZ、YOZ 平面内的转动自由度。构件 6 上没有重复约束。

(2) 机构中虚约束及其数量的确定

本机构各移动副沿轴线运动过程中，约束法线的几何关系和方向都不发生变化，因此该机构没有虚约束，$V=0$。

(3) 机构自由度计算

机构有 $n=5$ 个活动构件，2 个移动副，每个移动副约束 5 个自由度，1 个转动副，每个转动副约束 5 个自由度，4 个球副，每个球副约束 3 个自由度，1 个局部自由度，虚约束的数量 $V=0$，因此机构自由度为：

$$F=6n-\sum_{i=1}^{m}p_i+V=6\times5-5\times2-5\times1-3\times4-1+0=2$$

6.2.8 Davies 并联机构自由度分析与计算

(1) 并联机构的自由度与过约束分析

如图 6.8 所示是 Davies 并联机构。它由 2 个球副、2 个圆柱副和 1 个平面副组成。为分析它的机构自由度可把它当成一个并联机构处理。

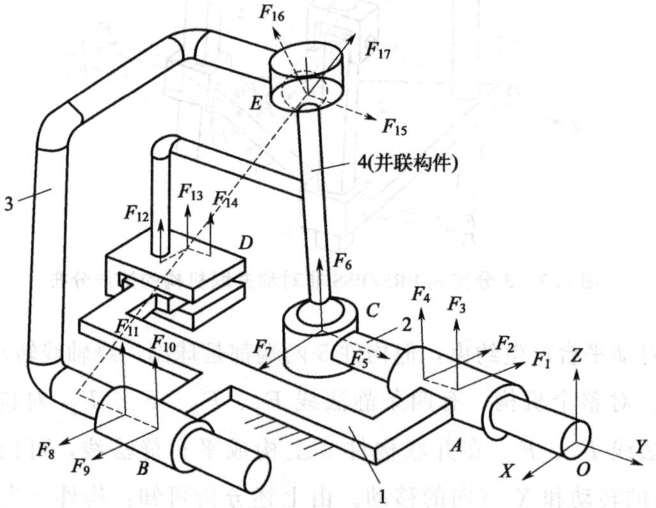

图 6.8 Davies 并联机构的法线分布

构件 4 为输出运动的并联构件。这个机构有三个分支，第 1 分支：机架 1—构件 2—构件 4，包括两个运动副，其中一个是 A 处的圆柱副产生平行静法线 F_1、F_2 和 F_3、F_4，约束构件 3 在 XOY、YOZ 平面内的转动自由度和 X 轴、Z 轴方向的移动自由度；另一个是 C 处的球副，基于 A 处圆柱副沿 Y 方向的移动自由度，在 C 处的球副产生动法线 F_5，该动法线为无效动法线，对构件 4 的自由度不产生约束，而静法线 F_6 和 F_7 分别约束构件 4 在 X 轴、Z 轴方向的移动自由度。

第 2 分支：机架 1—构件 3—构件 4，有两个运动副，一个是圆柱副，在圆柱副 B 处产生平行静法线 F_8、F_9 和 F_{10}、F_{11}，约束构件 3 在 XOY、YOZ 平面内的转动自由度和 X 轴、Z 轴方向的移动自由度；另一个是球副，基于 B 处圆柱副在 XOZ 平面内的转动自由度和 Y 方向的移动自由度，在 E 处的球副产生动法线 F_{15}、F_{16}，均为无效动法线，对构件 4 的自由度不产生约束。而产生的静

法线 F_{17} 对构件 4 产生一个约束。

第 3 分支：机架 1—构件 4，仅包括 1 个平面副，在平面副 D 处产生三条不共面平行静法线 F_{12}、F_{13}、F_{14}，约束构件在 XOZ、YOZ 平面内的转动自由度和 Z 轴方向的移动自由度。

对整个机构，有六条静法线 F_6、F_7、F_{12}、F_{13}、F_{14}、F_{17} 对构件 4 产生约束，而且静法线 F_6、F_7、F_{17} 在并联构件 4 上构成不共点相交静法线，可约束构件 4 在 XOZ 平面内沿 X、Z 方向的移动自由度以及 XOZ 平面内的转动自由度。由上述分析可知：并联构件 4 在 Z 轴方向的移动自由度以及 XOZ 平面内的转动自由度出现重复约束，这样构件 4 上产生两个过约束，且在构件 4 上有 1 个局部自由度。

(2) 机构中虚约束及其数量的确定

本机构各运动副沿轴线运动过程中，约束法线的几何关系和方向都不发生变化，形成的过约束连续，因此该过约束构成两个虚约束，则有 $V=2$。

(3) 机构自由度计算

机构有 $n=3$ 个活动构件，1 个平面副，每个平面副约束 3 个自由度，2 个圆柱副，每个圆柱副约束 4 个自由度，2 个球副，每个球副约束 3 个自由度，1 个局部自由度，虚约束的数量 $V=2$，因此机构自由度为：

$$F=6n-\sum_{i=1}^{m}p_i+V=6\times3-3\times1-4\times2-3\times2-1+2=2$$

6.2.9 空间对称三分支并联机构自由度分析与计算

(1) 并联构件的自由度与过约束分析

如图 6.9 所示为空间对称三分支 PPPR/CRRR/PPPR 并联机构，机构分别通过 2 个移动副 P_{11}、P_{31} 和圆柱副 C_{21} 连接在机架上，P_{11}、P_{31} 移动路径平行，且与圆柱副 C_{21} 的转动轴相垂直。通过分析机构可知，机构中有 3 条运动支链与动平台和机架连接。第一条运动链是 P_{11}—P_{12}—P_{13}—R_{14}，第二条运动链是 C_{21}—R_{22}—R_{23}—R_{24}，第三条运动链是 P_{31}—P_{32}—P_{33}—R_{34}，动平台为机构中的并联构件。基于运动副上法线的分布，可将各运动副上的约束用法线来表示。

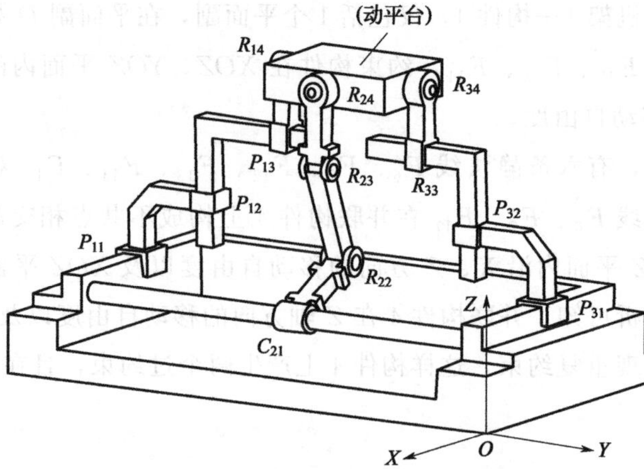

图 6.9　空间对称三分支并联机构

如图 6.10 所示，与机架连接的运动副上的法线为静法线，根据法线的传递规律可得，连接动平台上的约束法线都为动法线。

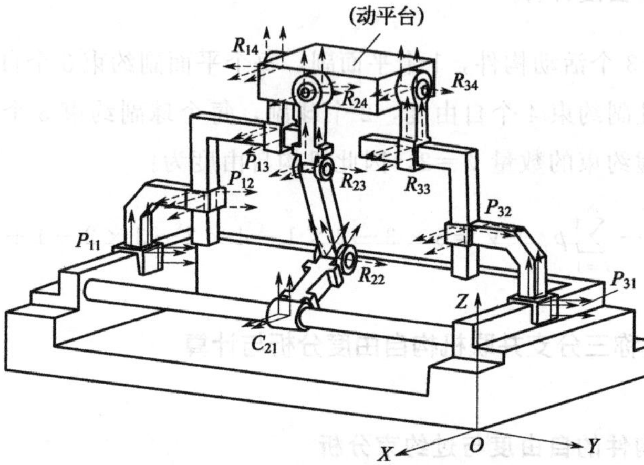

图 6.10　空间对称并联机构法线表示

在图 6.11(a) 所示的第一条运动链中，转动副 R_{14} 在约束点处对动平台产生五条约束法线：F_1、F_2、F_3、F_4、F_5。基于移动副 P_{11}、P_{13} 在 Y 方向的移动自由度，使得 Y 方向的单法线 F_1 为无效动法线，约束法线 F_2、F_3 为在 XOY 平面内的平行动法线，根据判定定理10可得，平行动法线 F_2、F_3 约束动平台在 XOY 平面内的转动自由度。同理，基于移动副 P_{12} 在 Z 方向的移动自由度，使得 Z 方向的平行动法线 F_4、F_5 约束动平台在 YOZ 平面内的转动自由度。

在图 6.11（b）第二条运动链 $C_{21}—R_{22}—R_{23}—R_{24}$ 中，转动副 R_{24} 在约束点处对动平台产生五条约束法线：F_6、F_7、F_8、F_9、F_{10}。基于圆柱副 C_{21}、R_{22}、R_{23} 在 XOZ 平面内的转动自由度，根据判定定理 10 和 12 可得：动法线 F_6、F_7、F_8 为无效动法线。基于圆柱副 C_{21} 在 Y 方向的移动自由度，平行动法线 F_9、F_{10} 约束动平台在 XOY 平面内的转动自由度。

图 6.11(c) 为第三条运动链，第三条运动链与第一条运动链对称，且移动副 P_{11} 与 P_{31} 的移动轴线平行。所以运动链 $P_{31}—P_{32}—R_{33}—R_{34}$ 对动平台的约束与 $P_{11}—P_{12}—P_{13}—R_{14}$ 相同：平行动法线 F_{12}、F_{13} 和 F_{14}、F_{15} 分别约束动平台在 XOY、YOZ 平面内的平行动法线。

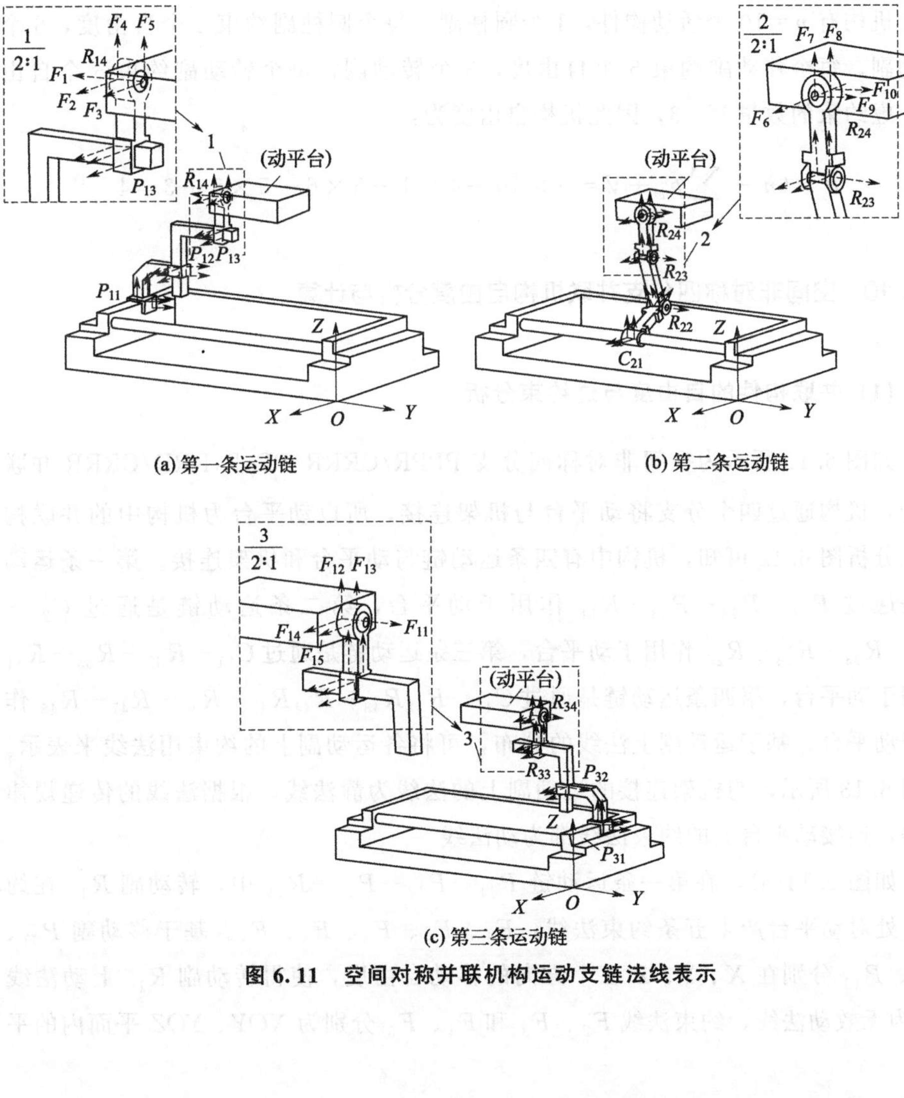

图 6.11　空间对称并联机构运动支链法线表示

综上分析可得：动平台在 XOY、YOZ 平面内的转动自由度被约束，且在 XOY 平面内的转动自由度有两个过约束，在 YOZ 平面内有一个转动过约束。

(2) 机构中虚约束及其数量的确定

机构各运动副沿轴线运动过程中，约束法线的几何关系都不发生变化，如图 6.10 所示，平行动法线形成的过约束连续，因此该过约束构成两个虚约束，则有 $V=3$。

(3) 机构自由度计算

机构有 $n=10$ 个活动构件，1 个圆柱副，每个圆柱副约束 4 个自由度，6 个移动副，每个移动副约束 5 个自由度，5 个转动副，每个转动副约束 5 个自由度，虚约束的数量 $V=3$，因此机构自由度为：

$$F=6n-\sum_{i=1}^{m}p_i+V=6\times10-4\times1-5\times6-5\times5+3=4$$

6.2.10 空间非对称四分支并联机构自由度分析与计算

(1) 并联构件的自由度与过约束分析

如图 6.12 所示为空间非对称四分支 $PPPR/CRRR/PR_2R_2RRR/CRRR$ 并联机构，机构通过四个分支将动平台与机架连接，所以动平台为机构中的并联构件。分析图 6.12 可知，机构中有四条运动链与动平台和机架连接。第一条运动链是通过 P_{11}—P_{12}—P_{13}—R_{14} 作用于动平台，第二条运动链是通过 C_{21}—R_{22}—R_{23}—R_{24}—R_{25} 作用于动平台，第三条运动链是通过 C_{31}—R_{32}—R_{33}—R_{11} 作用于动平台，第四条运动链是通过 C_{41}—$R_{42}R_{43}$—$R_{44}R_{45}$—R_{46}—R_{47}—R_{48} 作用于动平台。基于运动副上法线的分布，可将各运动副上的约束用法线来表示。如图 6.13 所示，与机架连接的运动副上的法线为静法线，根据法线的传递规律可得，连接动平台上的约束法线都为动法线。

如图 6.14(a)，在第一条运动链 P_{11}—P_{12}—P_{13}—R_{14} 中，转动副 R_{14} 在约束点处对动平台产生五条约束法线：F_1、F_2、F_3、F_4、F_5。基于移动副 P_{11}、P_{12}、P_{13} 分别在 X、Y、Z 三个方向的移动自由度，使得转动副 R_{14} 上动法线 F_1 为无效动法线，约束法线 F_2、F_3 和 F_4、F_5 分别为 XOY、YOZ 平面内的平

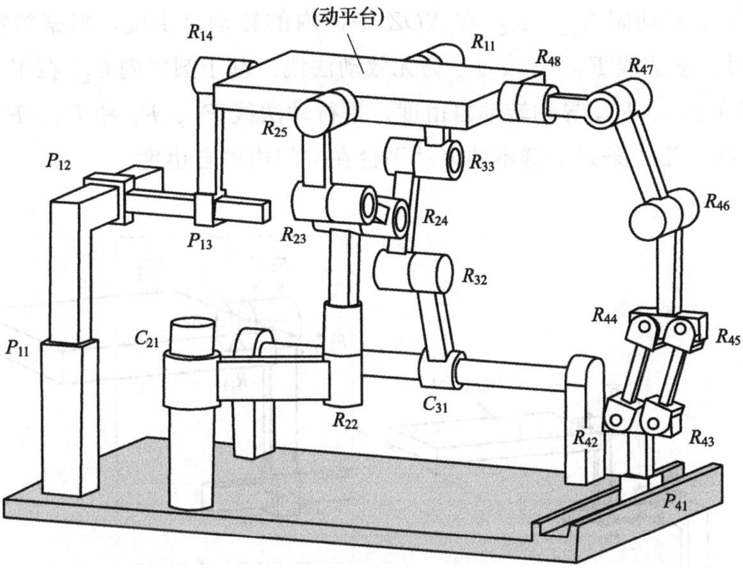

图 6.12 空间非对称四分支 PPPR/CRRR/PR$_2$R$_2$RRR/CRRR 并联机构

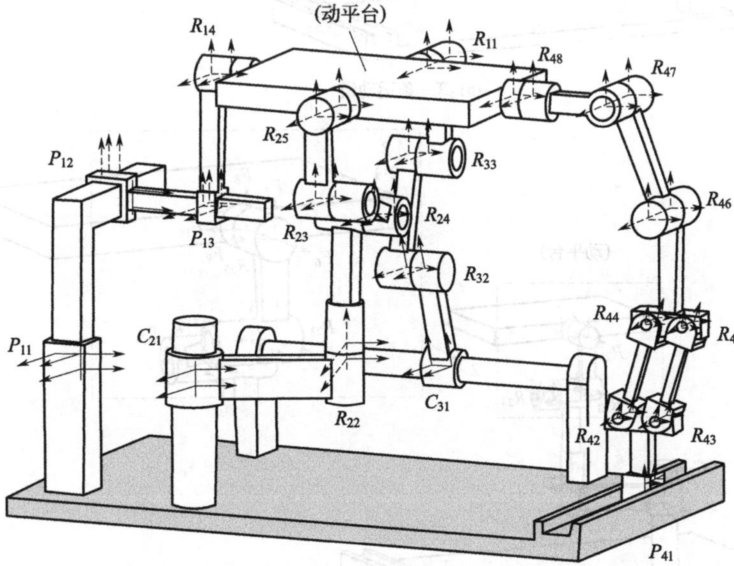

图 6.13 空间非对称并联机构法线表示

行动法线，根据判定定理 10 可得，平行动法线 F_2、F_3 和 F_4、F_5 分别约束动平台在 XOY、YOZ 平面内的转动自由度。

如图 6.14(b) 所示，在第二条运动链 $C_{21}—R_{22}—R_{23}—R_{24}—R_{25}$ 中，转动

副 R_{25} 在约束点处对动平台产生 5 条约束法线：F_6、F_7、F_8、F_9、F_{10}。基于圆柱副 C_{21}、转动副 R_{22}、R_{23} 在 XOZ 平面内的转动自由度，根据判定定理 10 和 12 可得：动法线 F_6、F_7、F_8 为无效动法线。基于圆柱副 C_{21} 在 Y 方向的移动自由度和 R_{22}、R_{23} 异轴转动自由度，平行动法线 F_7、F_8 和 F_9、F_{10} 为无效平行动法线，第二条运动链不约束动平台在空间内的自由度。

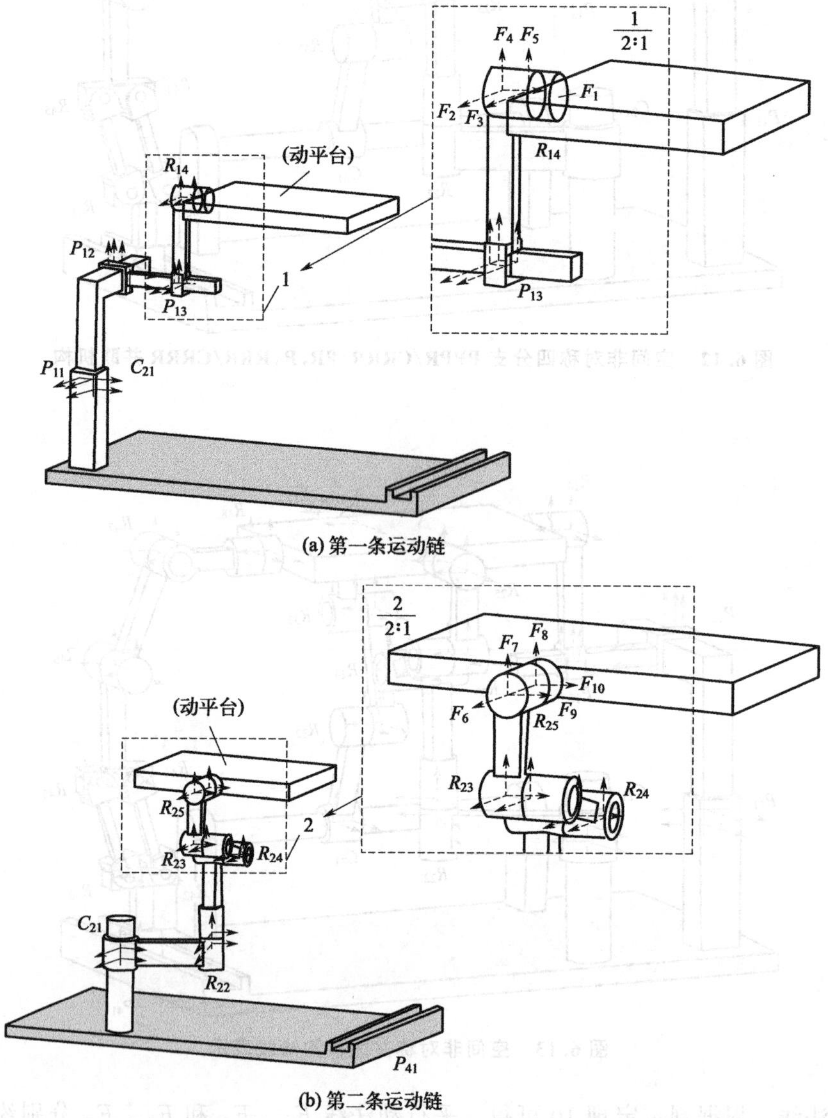

图 6.14　空间非对称并联机构第一、第二条运动链的法线表示

第三条运动链是通过 C_{31}—R_{32}—R_{33}—R_{11} 作用于动平台，如图 6.15(a) 所

示。圆柱副 R_{11} 也在约束点处对动平台产生五条约束法线：F_{11}、F_{12}、F_{13}、F_{14}、F_{15}。基于圆柱副 C_{31}，转动副 R_{32}、R_{33} 在 XOZ 平面内的转动自由度，根据判定定理 10 和 12 可得：动法线 F_{11}、F_{12}、F_{13} 为无效动法线，平行动法线 F_{14}、F_{15} 约束动平台在 XOY 平面内的转动自由度。

第四条运动链是通过 C_{41}—$R_{42}R_{43}$—$R_{44}R_{45}$—R_{46}—R_{47}—R_{48} 作用于动平台，如图 6.15(b)。可以看到有两个构件处于并联关系，需要对其进行自由度分析：构件 1 通过平行等长构件 2、3 作用于构件 4，根据法线的传递规律，基于移动副 P_{41} 在 X 方向上的移动自由度，使得构件 4 上的转动副 R_{44}、R_{45} 在 X 方向的法线为无效动法线 F_{11}、F_{16}，不对构件 4 产生约束。而在沿杆方向的平行静法线 F_{12}、F_{13} 和 F_{17}、F_{18} 以及平行动法线 F_{14}、F_{15} 和 F_{19}、F_{20} 对构件产生的约束作用相同，使得在构件 4 上产生三个过约束，约束构件在 XOY、XOZ 平面的转动以及沿杆方向的移动自由度。而作用在动平台上的转动副 R_{48} 在约束点处对动平台产生五条约束法线：F_{21}、F_{22}、F_{23}、F_{24}、F_{25}。基于移动副 P_{41} 在 X 方向的移动自由度，转动副 R_{46}、R_{48} 在 XOZ、YOZ 平面内的转动自由度，根据判定定理 10 和 12 可得：单条动法线 F_{21}，平行动法线 F_{24}、F_{25} 都为无效动法线，而平行动法线 F_{22}、F_{23} 约束动平台在 XOY 平面内的转动自由度。

综上分析可得：动平台在 XOY、YOZ 平面内的转动自由度被约束，且在 XOY 平面内的转动自由度有两个过约束。动平台有 4 个自由度，分别是空间内 X、Y、Z 方向的 3 个移动自由度以及在 XOZ 平面内的转动自由度。

(2) 机构中虚约束及其数量的确定

机构各运动副沿轴线运动过程中，约束法线的几何关系都不发生变化，平行动法线形成的过约束连续，因此在构件 4 和动平台上的过约束构成虚约束，则有 $V=5$。

(3) 机构自由度计算

机构有 $n=17$ 个活动构件，2 个圆柱副，每个圆柱副约束 4 个自由度，4 个移动副，每个移动副约束 5 个自由度，15 个转动副，每个转动副约束 5 个自由度，虚约束的数量 $V=5$，因此机构自由度为：

$$F=6n-\sum_{i=1}^{m}p_i+V=6\times17-4\times2-5\times4-5\times15+5=4$$

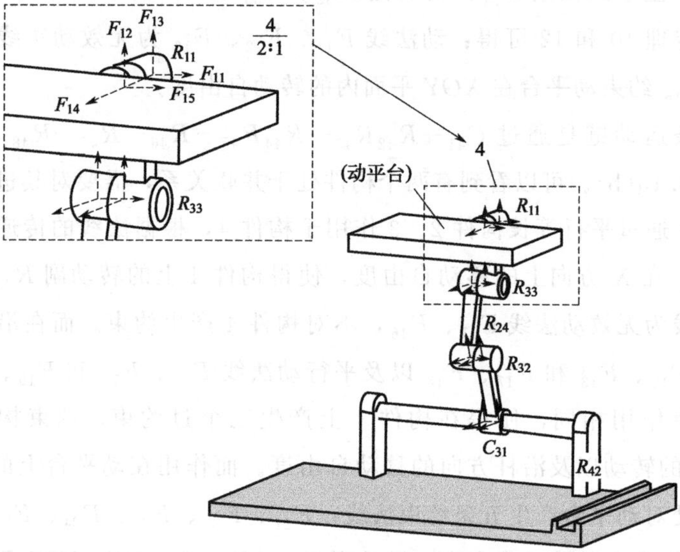

(a) 第三条运动链

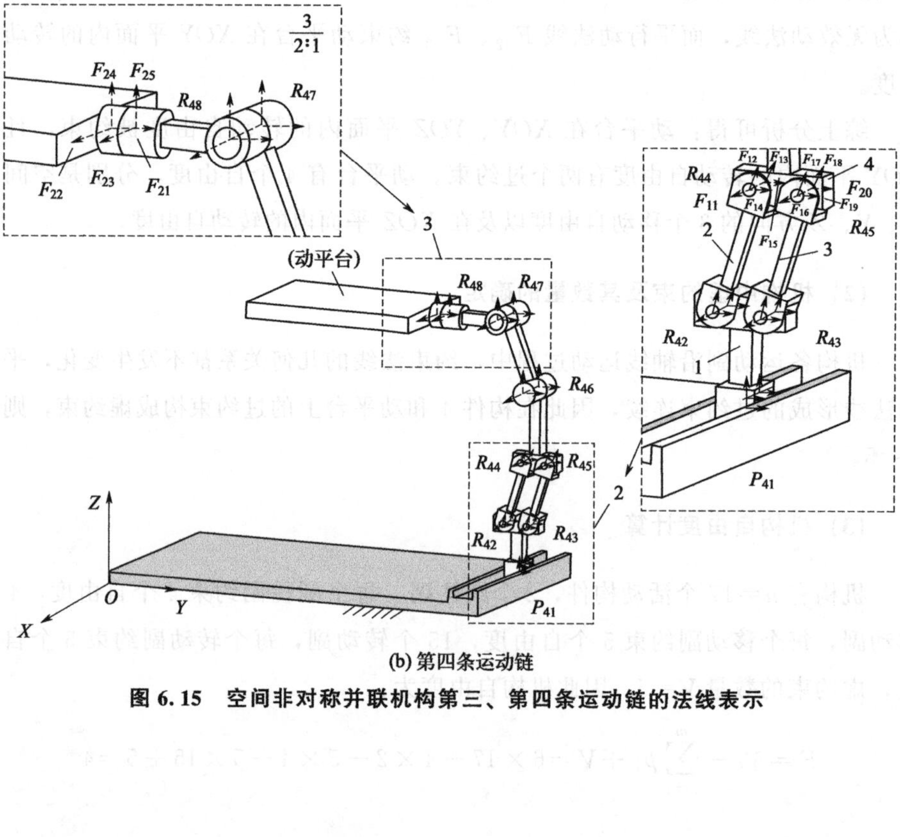

(b) 第四条运动链

图 6.15 空间非对称并联机构第三、第四条运动链的法线表示

6.3 典型的机构自由度计算方法分析对比

空间 3-RRC 并联机构是 1997 年 Tsai 提出的[146]，它也是一个完全对称的 3 自由度移动并联机构，如图 6.16 所示。这个机构是由三个轴线相互平行的 R、R 和 C 运动副构成，其中 R 是转动副，C 是圆柱副，且各个分支轴线对称地固定于静平台上，静平台是一个等边三角形。

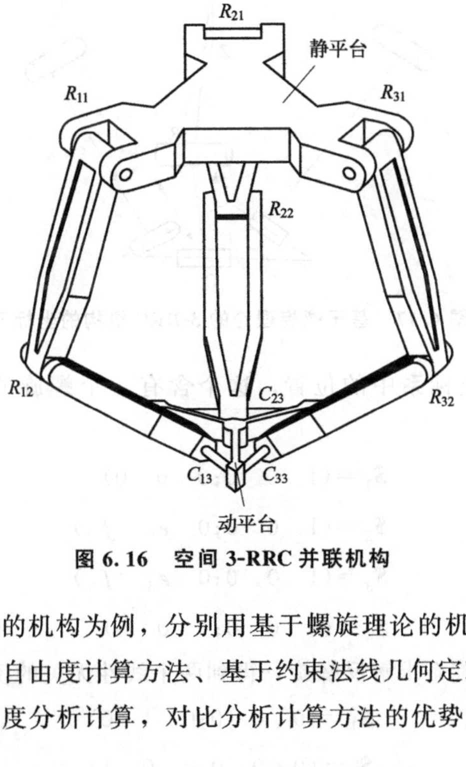

图 6.16　空间 3-RRC 并联机构

我们以这个典型的机构为例，分别用基于螺旋理论的机构自由度计算方法、基于几何代数的机构自由度计算方法、基于约束法线几何定理的机构自由度分析计算方法等进行自由度分析计算，对比分析计算方法的优势。

6.3.1 基于螺旋理论的空间 3-RRC 并联机构自由度分析计算

基于螺旋理论的机构自由度分析首先是建立全局坐标系，用运动螺旋和约束螺旋分别表达出机构的瞬时约束运动和约束力偶，建立各个运动副节点的自由空间螺旋举证，再求出各个运动副节点自由空间的反螺旋系，从而生成所有约束空间的并集，再求出并集的反螺旋系，即可表达出各运动副在自由空间的交集，也就是该机构剩余的自由度。

如图 6.17 所示，应用螺旋理论对空间 3-RRC 并联机构进行自由度分析时，需要把 C 副拆分为 2 个单自由度运动副。这样，这个包含 3 个运动副的 RRC 分支就相当于 4 个单自由度的运动副。取出其中一个分支，选择分支坐标系 O-XYZ，其 X 轴为第 1 个转动副的轴线，Z 轴向下。

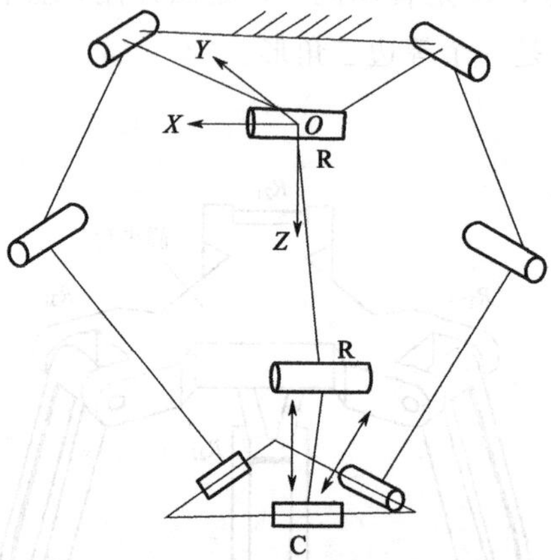

图 6.17　基于螺旋理论的 3-RRC 机构的坐标系

根据运动副在坐标系中的位置，这个含有 4 个螺旋的分支螺旋系可表示如下：

$$
\begin{aligned}
\boldsymbol{\$}_1 &= (1\quad 0\quad 0;0\quad 0\quad 0)\\
\boldsymbol{\$}_2 &= (1\quad 0\quad 0;0\quad e_2\quad f_2)\\
\boldsymbol{\$}_3 &= (1\quad 0\quad 0;0\quad e_3\quad f_3)\\
\boldsymbol{\$}_4 &= (0\quad 0\quad 0;1\quad 0\quad 0)
\end{aligned}
\tag{6.2}
$$

对式 (6.2) 螺旋系求解反螺旋，得到两个线性无关的反螺旋，即：

$$
\begin{aligned}
\boldsymbol{\$}_1^r &= (0\quad 0\quad 0;0\quad 1\quad 0)\\
\boldsymbol{\$}_2^r &= (0\quad 0\quad 0;0\quad 0\quad 1)
\end{aligned}
\tag{6.3}
$$

得到的也是两个约束力偶，可以看出这两个约束力偶分别沿 y 轴和 z 轴方向，也就是垂直转动副的轴线方向。只有能够与螺旋系中所有的线矢量轴线相垂直的偶量，才能与该螺旋系中所有线矢量相逆，是它们的反螺旋。几何上与它们轴线相垂直的力偶必定与这 4 个螺旋相逆。如图 6.17 所示的双向箭头。

因为机构的 3 个分支都有相同的结构，从逻辑上说，每个分支的那两个约束力偶都与对应的运动副轴线相垂直。这样从整个机构来看，每个分支都有 2 个约束力偶，机构的 3 个分支同时闭合时，动平台上共作用 6 个约束力偶。这 6 个力偶分别两两垂直于对应的轴线，由于每个分支都能够分解出一个平行于 Z 轴的约束力偶，它们线性相关，秩为 1，机构有一个公共约束，$\lambda=1$；作用于动平台上的另外 3 个约束力偶都平行于基面，并垂直于对应转动轴的轴线，这样的 3 个约束力偶共面，秩为 2，存在一个闭合冗余约束，$V=1$。

将参数代入基于螺旋理论修正的自由度计算公式，则机构自由度 F 为：

$$F=d(n-g-1)+\sum_{i=1}^{g}f_i+V=5\times(8-9-1)+12+1=3$$

对于多自由度机构，需要判断全周性。因为在机构任何可能的运动过程中，即沿任何可能方向的移动过程中，各个分支的运动副因结构的限制总保持原有的平行关系，且位于定平台上的 3 个转动副的轴线相对位置又总是保持不变，在相同的坐标系下求解这个分支的运动螺旋系和约束螺旋系，得到的分支螺旋系和反螺旋系总保持不变。公共约束和闭合冗余约束不变，因此自由度是全周的。所以基于螺旋理论对空间 3-RRC 并联机构自由度分析得到的机构自由度为 3。

6.3.2 基于几何代数的空间 3-RRC 并联机构自由度分析计算

基于几何代数的机构自由度分析计算方法是将运动空间与力空间的映射关系在几何代数框架下进行表达，利用几何代数内生的数据结构和算法，提出基于约束求并思路和运动求交思路两种表达方式，在计算过程中不需要求解符号线性方程组，就可以得到并联机构动平台输出运动空间和约束力空间的解析表达式。在过约束的处理上利用几何代数在向量发生线性相关时其外积为零的性质，提出了一种基于外积运算的线性相关项判别和剔除规则。求交方法的应用使得基于几何代数的机构自由度分析过程不需要求解冗余约束，在求解具有复杂约束条件的机构自由度时具有优势。

如图 6.18 所示，基于几何代数的机构自由度分析计算方法对空间 3-RRC 并联机构进行自由度分析。

首先根据定平台建立直角坐标系 O-XYZ，其中 X 轴平行于 A_2A_3，Z 轴垂直于 X 轴和 Y 轴，且方向向下。定平台的半径为 r_A。点 A_1、A_2、A_3、M_1、M_2、M_3、B_1、B_2、B_3 在固定坐标系下的位置向量，如表 6.1 所示。

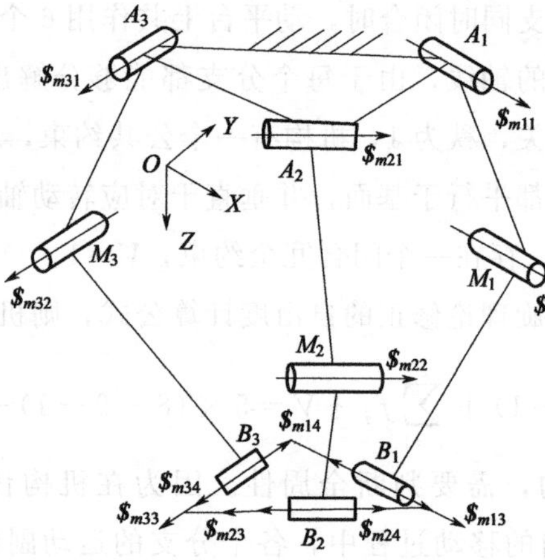

图 6.18 基于几何代数的 3-RRC 机构的坐标系

表 6.1 固定坐标系下的位置向量（3-RRC 并联机构）

定向坐标系原点到点的向量	点的位置向量
$\overrightarrow{OA_1}$	$(r_A,0,0)^{\mathrm{T}}$
$\overrightarrow{OA_2}$	$(-0.5r_A,0.863r_A,0)^{\mathrm{T}}$
$\overrightarrow{OA_3}$	$(-0.5r_A,-0.863r_A,0)^{\mathrm{T}}$
$\overrightarrow{OM_1}$	$(x_{M1},0,z_{M1},)^{\mathrm{T}}$
$\overrightarrow{OM_2}$	$(x_{M2},y_{M2},z_{M2})^{\mathrm{T}}$
$\overrightarrow{OM_3}$	$(x_{M3},y_{M3},z_{M3})^{\mathrm{T}}$
$\overrightarrow{OB_1}$	$(x_{M2},y_{M2},z_{M2})^{\mathrm{T}}$
$\overrightarrow{OB_2}$	$(x_{M2},y_{M2},z_{M2})^{\mathrm{T}}$
$\overrightarrow{OB_3}$	$(x_{M2},y_{M2},z_{M2})^{\mathrm{T}}$

第 1 个分支运动链末端的许动子空间为各个运动副上运动螺旋的并集，即：

$$
\begin{aligned}
\$_{m1} &= \$_{m_{11}} \cup \$_{m_{12}} \cup \$_{m_{13}} \cup \$_{m_{14}} \\
&= \$_{m_{11}} \nabla \$_{m_{12}} \nabla \$_{m_{13}} \nabla \$_{m_{14}} \\
&= (r_A z_{B1} - r_A z_{m1} + x_{B1} z_{M1} - x_{M1} z_{B1}) \boldsymbol{e}_2 \nabla \boldsymbol{e}_4 \nabla \boldsymbol{e}_5 \nabla \boldsymbol{e}_6 \qquad (6.4)
\end{aligned}
$$

表示第 1 个分支运动链末端的许动子空间是一个 4 阶片积。

第 2 个分支运动链末端的许动子空间为各个运动副上运动螺旋的并集，即

$$
\begin{aligned}
\$_{m2} &= \$_{m_{21}} \cup \$_{m_{22}} \cup \$_{m_{23}} \cup \$_{m_{24}} \\
&= \$_{m_{21}} \nabla \$_{m_{22}} \nabla \$_{m_{23}} \nabla \$_{m_{24}}
\end{aligned}
$$

$$=\frac{(r_A z_{B1}-r_A z_{m1}+x_{B1}z_{M1}-x_{M1}z_{B1})}{2}(\sqrt{3}\boldsymbol{e}_1\nabla\boldsymbol{e}_4\nabla\boldsymbol{e}_5\nabla\boldsymbol{e}_6+\boldsymbol{e}_2\nabla\boldsymbol{e}_4\nabla\boldsymbol{e}_5\nabla\boldsymbol{e}_6) \tag{6.5}$$

表示第 2 个分支运动链末端的许动子空间是一个 4 阶片积。

第 3 个分支运动链末端的许动子空间为各个运动副上运动螺旋的并集，即

$$\begin{aligned}\boldsymbol{\$}_{m3}&=\boldsymbol{\$}_{m_{31}}\cup\boldsymbol{\$}_{m_{32}}\cup\boldsymbol{\$}_{m_{33}}\cup\boldsymbol{\$}_{m_{34}}\\&=\boldsymbol{\$}_{m_{31}}\nabla\boldsymbol{\$}_{m_{32}}\nabla\boldsymbol{\$}_{m_{33}}\nabla\boldsymbol{\$}_{m_{34}}\\&=\frac{(r_A z_{M3}-r_A z_{B3}+2x_{B3}z_{M3}-2x_{M3}z_{B3})}{2}(\sqrt{3}\boldsymbol{e}_1\nabla\boldsymbol{e}_4\nabla\boldsymbol{e}_5\nabla\boldsymbol{e}_6-\boldsymbol{e}_2\nabla\boldsymbol{e}_4\nabla\boldsymbol{e}_5\nabla\boldsymbol{e}_6)\end{aligned} \tag{6.6}$$

表示第 3 个分支运动链末端的许动子空间是一个 4 阶片积。

因此，第 1 个分支运动链末端的许动子空间和第 2 个分支运动链末端的许动子空间的交集与第 3 个分支运动链末端的许动子空间的交集为：

$$\begin{aligned}\boldsymbol{\$}_m&=\boldsymbol{\$}_{m_1}\cap\boldsymbol{\$}_{m_2}\cap\boldsymbol{\$}_{m_3}\\&=(\boldsymbol{\$}_{m_1}\cap\boldsymbol{\$}_{m_2})\cap\boldsymbol{\$}_{m_3}=[(\boldsymbol{\$}_{m1}\cap\boldsymbol{\$}_{m2})\boldsymbol{I}_{u2}^{-1}]\cdot\boldsymbol{\$}_{m3}\\&=\frac{3}{8}\begin{matrix}(r_A z_{B1}-r_A z_{m1}+x_{B1}z_{M1}-x_{M1}z_{B1})^3(r_A z_{B1}-r_A z_{m1}+x_{B1}z_{M1}-x_{M1}z_{B1})\\(r_A z_{M3}-r_A z_{B3}+2x_{B3}z_{M3}-2x_{M3}z_{B3})(\boldsymbol{e}_4\nabla\boldsymbol{e}_5\nabla\boldsymbol{e}_6)\end{matrix}\end{aligned} \tag{6.7}$$

式（6.18）表示空间 3-RRC 并联机构动平台上的许动子空间是一个 3 阶片积，由三个向量 $\boldsymbol{e}_4$、$\boldsymbol{e}_5$ 和 $\boldsymbol{e}_6$ 构成，它们分别表示沿 X 轴、Y 轴和 Z 轴方向的移动自由度。因此，基于几何代数理论对空间 3-RRC 并联机构自由度分析得到的机构自由度为 3。

6.3.3 基于约束法线的空间 3-RRC 并联机构自由度分析计算

基于约束法线的机构自由度分析计算方法是把机构中各构件之间的约束都简化成点约束，根据约束点在其公法线方向相对于机架是否运动，将法线分成静法线与动法线。根据构件中的动、静法线的数量及其几何关系，建立一组判断构件自由度及其性质、过约束及其数量的几何定理，将机构自由度、各构件自由度总数量、各构件之间实际约束自由度的总数量代入三者之间的平衡方程中，得到机构自由度。

基于约束法线的空间 3-RRC 并联机构自由度分析计算过程如下。

(1) 并联构件的自由度与过约束分析

图 6.19 所示为 3-RRC 机构，它有 3 个相同分支，每个分支从定平台通过 R-R-C（即转动副-转动副-圆柱副）形成单支运动链，3 个分支共同约束动平台，因此动平台是并联构件。

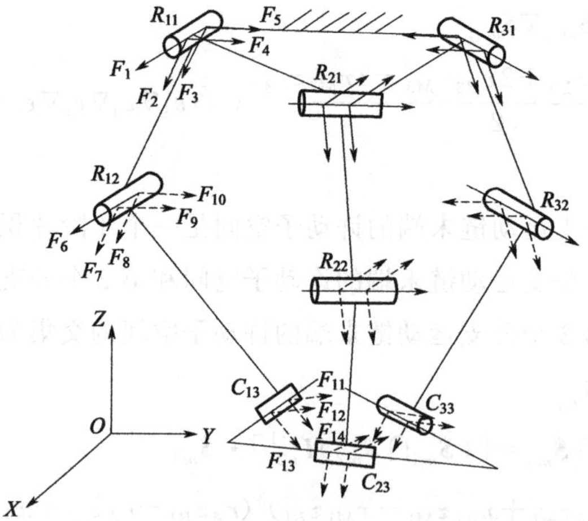

图 6.19 基于几何代数的 3-RRC 机构的法线分布

根据转动副和圆柱副的法线表示，对图中三条运动链上的运动副进行法线分析。先对第一运动链进行分析，建立空间坐标系，根据法线的传递规律可判断，基于运动副 R_{11}、R_{12} 绕轴线的转动自由度，使得动平台圆柱副 C_{13} 上形成两对平行动法线 F_{11}、F_{12} 和 F_{13}、F_{14}，根据定理 12 可得，分别约束动平台在 XOY、XOZ 平面内的转动自由度。另外两条运动链在空间均匀分布，这样也分别约束了动平台在空间的 2 个转动自由度。根据定理 13 法线集合定理可得，动平台一共有 6 个转动约束，在空间的 3 个转动自由度被重复约束了 2 次，共有三个过约束，动平台有在 X、Y、Z 3 个方向的移动自由度。

(2) 机构中虚约束及其数量的确定

机构在运动过程中，动平台上的六对平行动法线约束性质不发生变化，约束其 3 个方向的转动自由度的过约束是连续的，因此这些过约束构成三个虚约束，$V=3$。

(3) 机构自由度计算

3-RRC 机构中活动构件的数量为 7，每个分支中，转动副、转动副、圆柱副各约束 5、5、4 个自由度，故机构自由度 F 为：

$$F=6n-\sum_{i=1}^{m} p_i+V=6\times 7-6\times 5-3\times 4+3=3$$

6.3.4 空间 3-RRC 并联机构自由度的模拟验证

（1）动平台沿 X 轴方向移动

如图 6.20 所示，锁定运动链 R_{11}—R_{12}—C_{13}，给移动副 C_{23} 加 X 轴方向的线性驱动，机构位置发生变化，动平台有沿 X 方向的移动自由度。

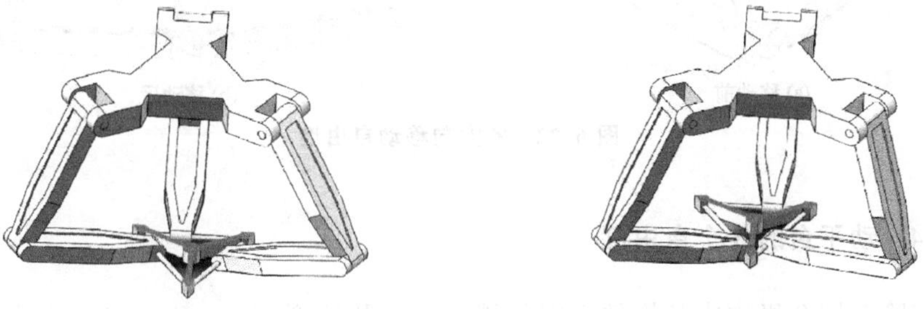

(a) 移动前　　(b) 移动后

图 6.20　X 方向移动自由度

（2）动平台沿 Y 轴方向移动

如图 6.21 所示，锁定运动链 R_{21}—R_{22}—C_{23}，给移动副 C_{33} 加 Y 轴方向的线性驱动，机构位置发生变化，动平台有沿 Y 方向的移动自由度。

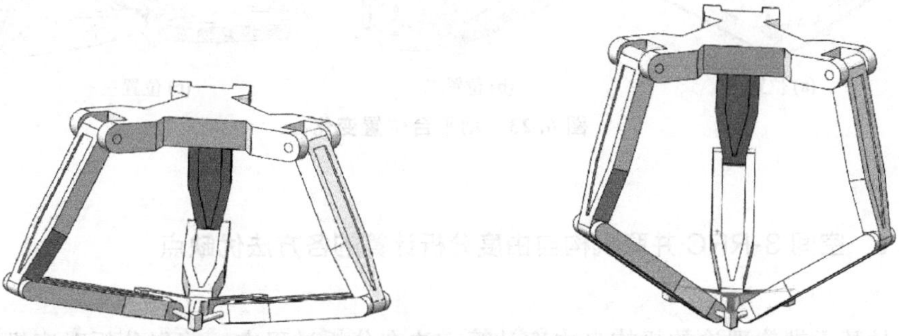

(a) 移动前　　(b) 移动后

图 6.21　Y 方向移动自由度

(3) 动平台沿 Z 轴方向移动

如图 6.22 所示，锁定动平台与底座使二者平行，给动平台施加沿 Z 轴的线性驱动，机构位置发生变化，动平台有沿 Z 方向的移动自由度。

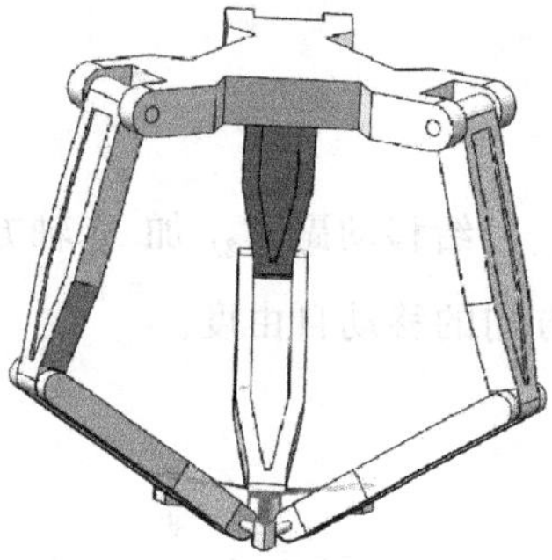

(a) 移动前

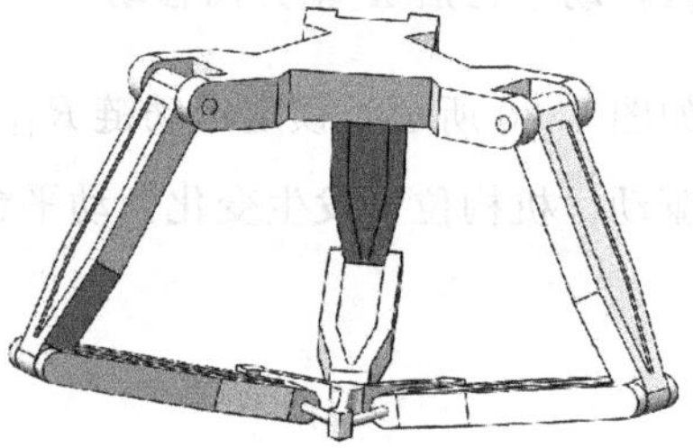

(b) 移动后

图 6.22 Z 方向移动自由度

(4) 动平台的 3 个自由度

解除对耦合机构中各构件之间的锁定，给圆柱副 C_{13}、C_{23}、C_{33} 施加驱动，如图 6.23 所示，可见动平台在沿 X、Y、Z 轴方向的 3 个移动自由度同时发生。

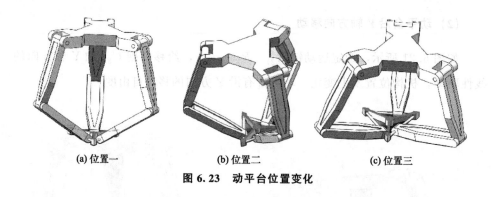

(a) 位置一

(b) 位置二

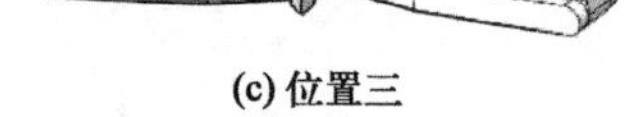

(c) 位置三

图 6.23 动平台位置变化

6.3.5 空间 3-RRC 并联机构自由度分析计算的各方法优缺点

是基于螺旋理论的机构自由度计算方法在分析过程中，首先分析对应机构的运动螺旋系，确定运动螺旋系的秩而后再求自由度。对于并联机构，它是通过构建并联机构各个分支的运动螺旋系的集合，再求各分支运动螺旋系集合的交集而获得机构的自由度，而分支螺旋系集合交集的获得则还需要通过观察或比对分析。但由于螺旋是瞬时运动层面的数学工具，描述的是构件的瞬时约束，其得到的自由度结果也具有瞬时性，因此还需进一步通过几何条件来判断是否为连续自由度。

基于几何代数的机构自由度计算方法从原理上说，对所有的机构无例外都适用。但在实例分析中可以看到，这个方法存在明显的缺点：它也需要建立机构的位置方程以确定位置向量矩阵，由于它依赖比较高深的数学去求解机构最基本的自由度问题，即使可行也难以为广大的工程师所掌握。它不能判别机构自由度的复杂性质，尤其对虚约束的性质没有做出分析。它得到的结果也是瞬时性的，要分析它是否具有全周性，这个过程就更加复杂。

基于约束法线几何定理的机构自由度分析计算方法，首先建立运动副的约束法线表示，再根据法线的传递规律将法线分为静法线与动法线，根据约束法线的几何定理，分析判断运动副上的约束法线对动平台的自由度性质的影响，对产生过约束的自由度数目和性质可以准确识别。再根据速度匹配分析判断过约束的连续性，从而准确判断动平台上的虚约束数目和性质，代入基于约束法线的机构自由度计算公式，准确得到机构的自由度数目。可以看出，该方法直观、严谨、准确，为机构自由度分析又提供了一种新的思路。

6.4 本章小结

本章是在第 5 章基于约束法线判定定理对平面机构进行自由度分析的基础上，又将其应用范围进一步推广到空间并联机构。针对空间构件的 6 个自由度，结合运动副的法线表示，将空间机构上构件间对自由度的约束，转化为约束法线的几何关系。根据约束法线的判定定理，结合法线数量与类型、几何关系所建立的几何定理，能方便准确地判断机构中并联构件的自由度及性质、过约束及其数量。通过对比分析，验证了基于约束法线的机构自由度分析计算方法的优势。

第7章 CHAPTER 7

基于约束法线空间耦合机构自由度分析计算

多环耦合机构与传统的空间并联机构相比具有更复杂的耦合关系，耦合机构不同于一般的并联机构，其各支链间也会通过运动副进行耦合，它提供的约束和运动是直接作用于其他支链而不是末端平台，所以需要根据支链间的互联关系，拆分、整合支链间的相互作用。本章将多环耦合机构与约束法线几何判定理论相结合，提出一种多环耦合机构自由度计算方法。通过先判定机构中的耦合构件，再根据耦合构件上法线的数量及其几何关系，来判定构件及其机构的自由度，为耦合机构的自由度分析提供了新的方法和思路。

7.1 基于约束法线空间耦合机构自由度分析计算的步骤

耦合机构之所以复杂是因为其运动链之间相互耦合，共同作用的运动副会给耦合构件带来重复约束，产生虚约束。分析计算耦合机构自由度的主要思路是先将机构拆分成独立单元体，根据运动链的连接找到机构中所有的耦合构件，将运动副进行法线的转化，根据法线的分布和判定定理，分析识别虚约束的数目，将机构的参数入公式得到机构的自由度。其分析步骤为：

① 从机构中找出耦合构件，确定作用于耦合构件上的法线数量与类型及其几何关系。根据机构简图找出机构中的所有耦合构件，用 H_i 来表示，结合运动副确定作用于耦合构件中的各运动副的法线数量及其几何关系，然后确定作用到各构件上的法线类型。

② 耦合构件的自由度与过约束分析。根据作用到耦合构件上的法线数量与类型、几何关系，分别判断静法线与动法线对耦合构件自由度的影响，然后综合判断耦合构件受到的约束与过约束的数量与性质。

③ 机构中虚约束及其数量的确定。分别判断机构运动过程中耦合构件的各个过约束是否连续，连续的过约束就构成虚约束，由此可获得机构中虚约束的总数量。

④ 耦合机构的自由度计算。空间耦合机构中完全没有约束的构件，也可以在3个正交方向上移动，以及有3个正交方向绕轴的转动，一共有6个自由度。因此空间耦合机构的自由度通用计算公式与式（6.1）相同，只要代入对应参数即可。

7.2 基于约束法线的对称型空间耦合机构自由度计算实例分析

如图7.1所示为对称型空间耦合机构，机构通过2个转动副R_{11}、R_{21}与机架连接，且转动副R_{11}、R_{21}的转动轴线平行，以转动轴线方向建立空间直角坐标系。机构通过2条运动链作用到动平台上，动平台上的2个转动副R_{14}、R_{24}的转动轴线垂直，且转动轴线方向分别与X、Y轴方向相同。作用在动平台上的两条运动链通过构件R_{31}、R_{32}、R_{33}连接，形成耦合作用，使得机构成为一个空间耦合机构。

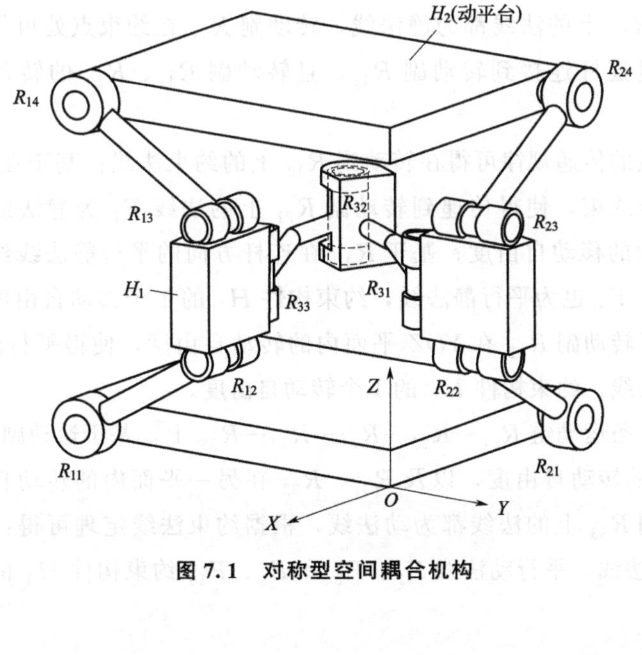

图7.1　对称型空间耦合机构

7.2.1 确定耦合构件

在机构中至少有 2 个运动副共同约束的构件，为机构的耦合构件。按照定义分析图 7.1 耦合机构可知：

构件 H_2 有两个运动副作用，通过两条运动链连接机架：第 1 条运动链为 $R_{11}—R_{12}—R_{13}—R_{14}$；第 2 条运动链为 $R_{21}—R_{22}—R_{23}—R_{24}$。

作用在动平台上的两条运动链通过构件 R_{31}、R_{32}、R_{33} 连接，机架通过两条运动链作用于构件 H_1，产生对机构的约束。第 1 条运动链为 $R_{11}—R_{12}$；第 2 条运动链为 $R_{21}—R_{22}—R_{31}—R_{32}—R_{33}$。

根据耦合构件的定义可以确定，构件 H_1、构件 H_2 为机构中的耦合构件。

7.2.2 耦合构件的自由度与过约束分析

机构的自由度是构件相对于机架发生的运动，而且构件通过运动副约束构件，约束是从机架开始一直向下级构件传递直到动平台，所以根据约束法线几何定理，按顺序对耦合构件 H_1、H_2 进行自由度分析。

(1) 耦合构件 H_1 的自由度分析

在耦合构件 H_1 的 $R_{11}—R_{12}$ 支链上，基于运动副上法线的分布，与机架连接的转动副 R_{11} 上的法线都为静法线，转动副 R_{11} 在约束点处可等效为五条法线，机架通过连杆连接到转动副 R_{12}，且转动副 R_{11}、R_{12} 的转动轴平行，如图 7.2 所示。

根据法线的传递规律可得在转动副 R_{12} 上的约束法线：基于在 R_{11} 上 X 轴方向的静法线约束，使得传递到转动副 R_{21} 上的法线 F_1 为静法线，约束构件 H_1 在 X 方向的移动自由度；基于 R_{11} 在连杆方向的平行静法线约束，传递到 R_{12} 上的 F_2、F_3 也为平行静法线，约束构件 H_1 的 1 个移动自由度和 1 个转动自由度。基于转动副 R_{11} 在 YOZ 平面内的转动自由度，使得平行法线 F_4、F_5 变为平行动法线，约束构件 H_1 的 1 个转动自由度。

而在第 2 条运动链 $R_{21}—R_{22}—R_{31}—R_{32}—R_{33}$ 上，基于运动副 R_{21}、R_{22} 在 XOZ 平面内的转动自由度，以及 R_{31}、R_{32} 在另一平面内的转动自由度，使得传递到转动副 R_{33} 上的法线都为动法线，根据约束法线定理可得：单条动法线 F_6 为无效动法线，平行动法线 F_7、F_8 和 F_9、F_{10} 约束构件 H_1 的 2 个转动自

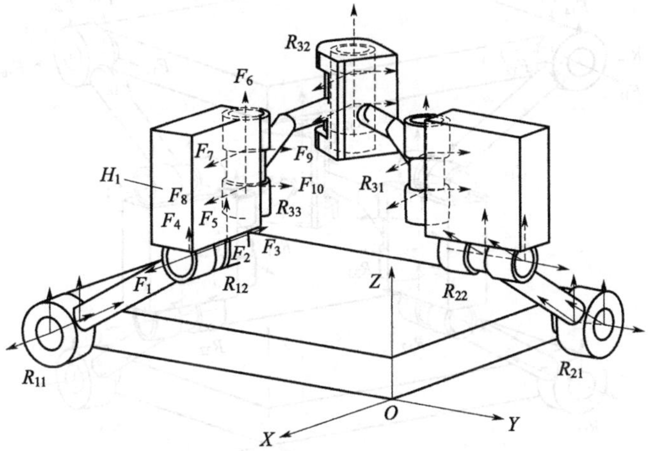

图 7.2 耦合构件 H_1 法线分布

由度。

综合两条运动链对耦合构件 H_1 的约束可得，耦合构件 H_1 上的平行静法线 F_2、F_3 与另外三对平行动法线产生的转动自由度约束并不共面，这样耦合构件 H_1 在空间的转动自由度全都被限制，并且有一个转动自由度的过约束，耦合构件 H_1 只有 Z 方向的移动自由度。

(2) 耦合构件 H_2 的自由度分析

基于耦合构件 H_2 在 X 方向没有移动自由度，如图 7.3 所示，经 R_{13} 传递到转动副 R_{14} 处在 X 方向的移动自由度依然被限制，则有静法线 F_{11}，约束构件 H_2 在 X 方向的移动自由度；由于转动副 R_{13}、R_{14} 的转动，使得在 R_{14} 转动轴线上产生平行动法线 F_{12}、F_{13} 和 F_{14}、F_{15}，分别约束耦合构件 H_2 在 XOZ 平面和 XOY 平面内的转动自由度。同理，基于运动链 R_{21}—R_{22}—R_{23}—R_{24} 上转动轴线都平行，使得经 R_{21}、R_{22}、R_{23} 传递到转动副 R_{24} 处在 Y 方向的移动自由度被限制，则有静法线 F_{16}，约束其在 Y 方向的移动自由度；由于转动副 R_{21}、R_{22}、R_{23} 的转动轴线平行，使得在 R_{24} 转动轴线上产生平行动法线 F_{17}、F_{18} 和 F_{19}、F_{20}，分别约束耦合构件 H_2 在 XOY 平面和 YOZ 平面内的转动自由度。

综合两条运动链对耦合构件 H_2 的约束可得，耦合构件 H_2 上：单条静法线 F_{11}、F_{16} 分别约束 X、Y 方向的移动自由度，平行动法线 F_{14}、F_{15} 约束 XOZ 平面的转动自由度，平行动法线 F_{19}、F_{20} 约束 YOZ 平面的转动自由度，平行

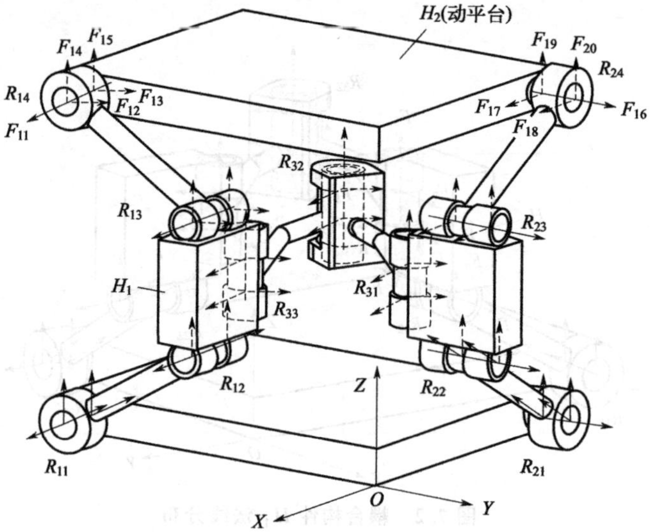

图 7.3　耦合构件 H_2 法线分布

动法线 F_{12}、F_{13} 和 F_{17}、F_{18} 都约束 XOZ 平面的转动自由度，产生一个转动自由度的过约束。耦合构件 H_2 只有 Z 方向的移动自由度。

7.2.3　耦合机构自由度计算

耦合机构位置变化时，构件各运动副上的法线分布与约束情况不发生变化，如图 7.4 所示，所以在耦合构件 H_1、H_2 上产生的过约束都为虚约束，故耦合机构的虚约束总数：$V=2$。

机构有 9 个活动构件，$n=9$；有 11 个转动副，每个转动副约束 5 个自由度。将参数代入式（6.1）可得该空间多环耦合机构自由度为：

$$F=6n-\sum_{i=1}^{m}p_i+V=6\times 9-5\times 11+2=1$$

7.2.4　动平台自由度的模拟验证

（1）动平台沿 Z 轴方向的移动自由度

如图 7.5(a) 所示，锁定动平台与底座使二者平行，给动平台施加沿 Z 轴的线性驱动，机构位置发生变化，如图 7.5(b) 所示，动平台有沿 Z 方向的移动自由度。

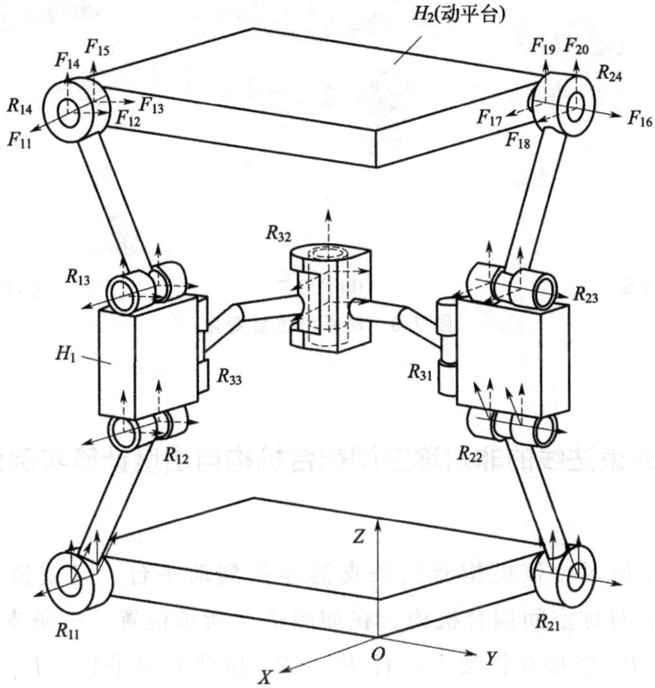

图 7.4　耦合构件位置变换后的法线分布

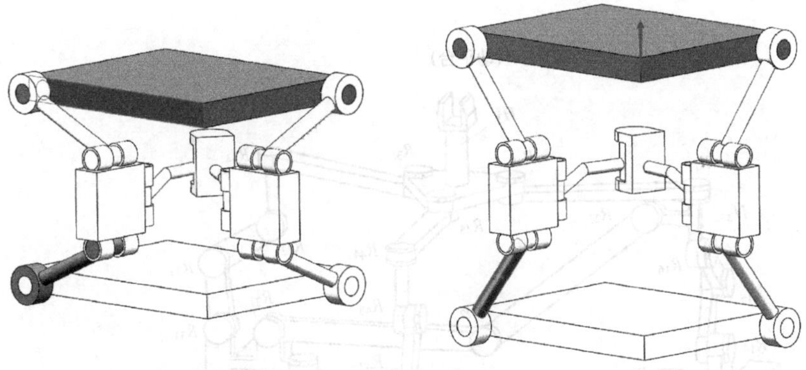

(a) 移动前　　(b) 移动后

图 7.5　*Z* 方向移动自由度

(2) 动平台的 1 个自由度

解除对耦合机构中各构件之间的锁定，分别给机构中不同构件施加驱动，如图 7.6 所示，动平台 H_2 都只有沿 Z 方向的移动自由度。

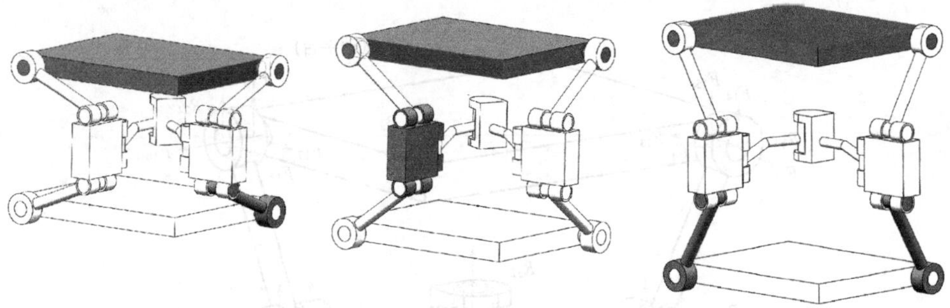

(a) 位置一　　(b) 位置二　　(c) 位置三

图 7.6　动平台位置变化

7.3　基于约束法线的非对称空间耦合机构自由度计算实例分析

如图 7.7 所示，该机构有三条支链连接到动平台，且支链之间也有连接，是一个非对称空间耦合机构。在如图 7.7 所示位置，三条支链通过移动副 P_1、P_2、P_3 连接在机架上，且 P_1、P_2 移动方向平行，P_3 与其他两个移动副移动方向垂直，通过三条运动链作用的动平台上的转动副的轴线互相平行。

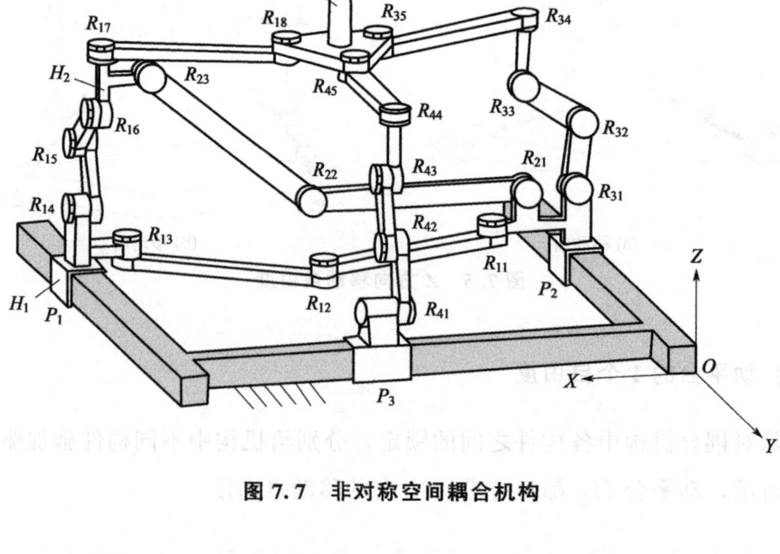

图 7.7　非对称空间耦合机构

7.3.1 确定耦合构件

构件 H_3 也就是动平台，有 3 个运动副作用，通过三条运动链与机架连接。第 1 条运动链为 $P_2—R_{31}—R_{32}—R_{33}—R_{34}—R_{35}$，第 2 条运动链为 $P_3—R_{41}—R_{42}—R_{43}—R_{44}—R_{45}$；第 3 条是构件 $H_2—R_{17}—R_{18}$。

构件 H_2 有 2 个运动副作用，通过两条运动链与机架连接。第一条为运动链 $P_2—R_{21}—R_{22}—R_{23}$；另一条为构件 $H_1—R_{14}—R_{15}—R_{16}$。

构件 H_1 也有 2 个运动副作用，通过 2 条运动链与机架连接。第一条为运动副 P_1，另一条运动链为 $P_2—R_{11}—R_{12}—R_{13}$。

可以确定，构件 H_1、H_2、H_3 为机构中的耦合构件。

7.3.2 耦合构件的自由度与过约束分析

机构的自由度是构件相对于机架发生的运动，而且构件通过运动副约束构件，约束是从机架开始一直向下级构件传递直到动平台，所以根据约束法线几何定理，按顺序对耦合构件 H_1、H_2、H_3 进行自由度分析。

(1) 耦合构件 H_1 的自由度分析

基于运动副上法线的分布，移动副 P_1 在约束点处等效为五条静法线，如图 7.8 所示：在直线 l_1 上分布法线 F_1、F_2，且 $F_1 /\!/ F_2 /\!/ X$，$l_1 /\!/ Y$；在直线 l_2 上分布法线 F_2、F_3，且有 $F_2 /\!/ F_3 /\!/ X$，$l_2 /\!/ Z$。根据单法线约束定理和平行法线约束定理可得：静法线 F_1、F_2、F_3 约束构件 H_1 沿 X 方向的移动自由度，以及在 XOY 平面与 XOZ 平面的转动自由度。在直线 l_3 上分布法线 F_4、F_5，且有 $F_4 /\!/ F_5 /\!/ Z$，$l_3 /\!/ Y$。同理，静法线 F_4、F_5 约束构件 H_1 沿 Z 方向的移动自由度，以及在 YOZ 平面的转动自由度。

构件 H_1 通过另一条运动链 $P_2—R_{11}—R_{12}—R_{13}$ 与机架连接，且运动链在 Z 方向自由度被约束，依据法线的传递规律 2 可得：构件 H_1 上转动副 R_{13} 在 Z 方向为静法线约束。根据单法线约束定理可得：静法线 F_6 约束构件 H_1 在 Z 方向的移动自由度。由于转动副 R_{11}、R_{12} 的转动轴垂直于 XOY 平面，使得运动链在转动副 R_{13} 产生平行动法线 F_7、F_8 和 F_9、F_{10}，分别约束构件 H_1 在 YOZ、XOZ 平面内的转动自由度。

综合两条运动链对耦合构件 H_1 的约束分析可得，耦合构件 H_1 只有 1 个自

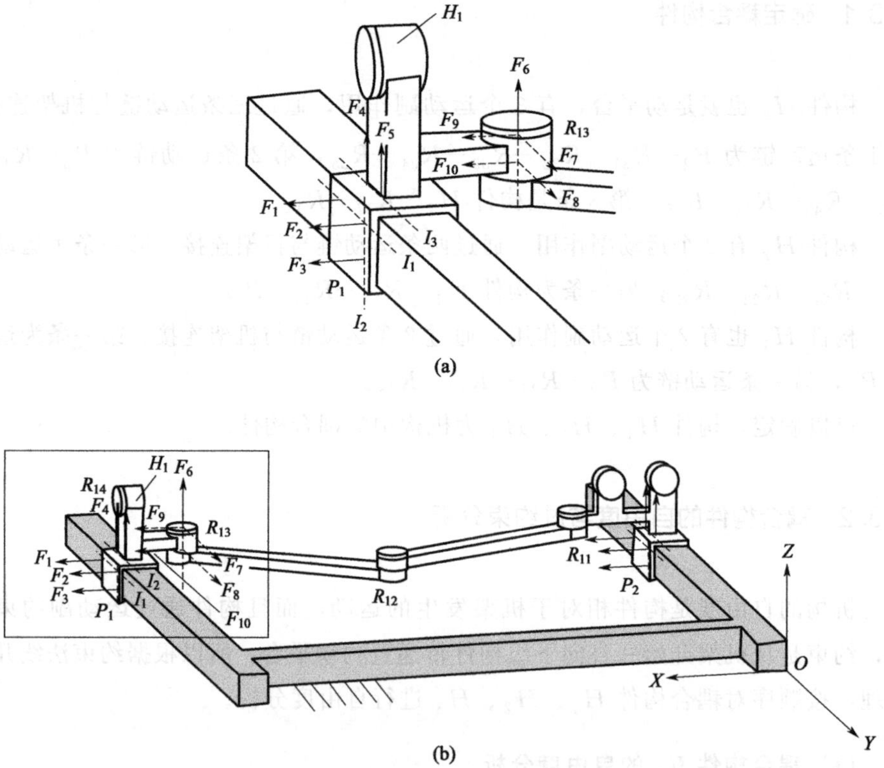

图 7.8　耦合构件 H_1 法线分布

由度，即 Y 方向的移动自由度。构件 H_1 上有三个过约束，分别是绕 X 轴、Y 轴的转动自由度以及 Z 方向的移动自由度。

（2）耦合构件 H_2 的自由度分析

耦合构件 H_1 在 X 方向没有移动自由度，如图 7.9 所示。

通过转动副 R_{15} 传递到转动副 R_{16} 处在 X 方向的移动自由度依然被限制，则有静法线 F_{11}，约束构件 H_2 在 X 方向的移动自由度；由于转动副 R_{14}、R_{15} 的转动，使得在 R_{16} 轴线上产生平行动法线 F_{12}、F_{13} 和 F_{14}、F_{15}，分别约束构件 H_2 在 XOZ 平面和 XOY 平面内的转动自由度。

构件 H_2 通过运动链 $P_2—R_{21}—R_{22}—R_{23}$ 与机架连接，基于运动链末端在 Y、Z 方向的移动自由度，使得转动副 R_{23} 处等效为五条动法线，单条动法线 F_{20} 不约束构件 H_2 自由度，平行动法线 F_{16}、F_{17} 和 F_{18}、F_{19}，分别约束构件 H_2 在 XOY 平面和 YOZ 平面内的转动自由度。

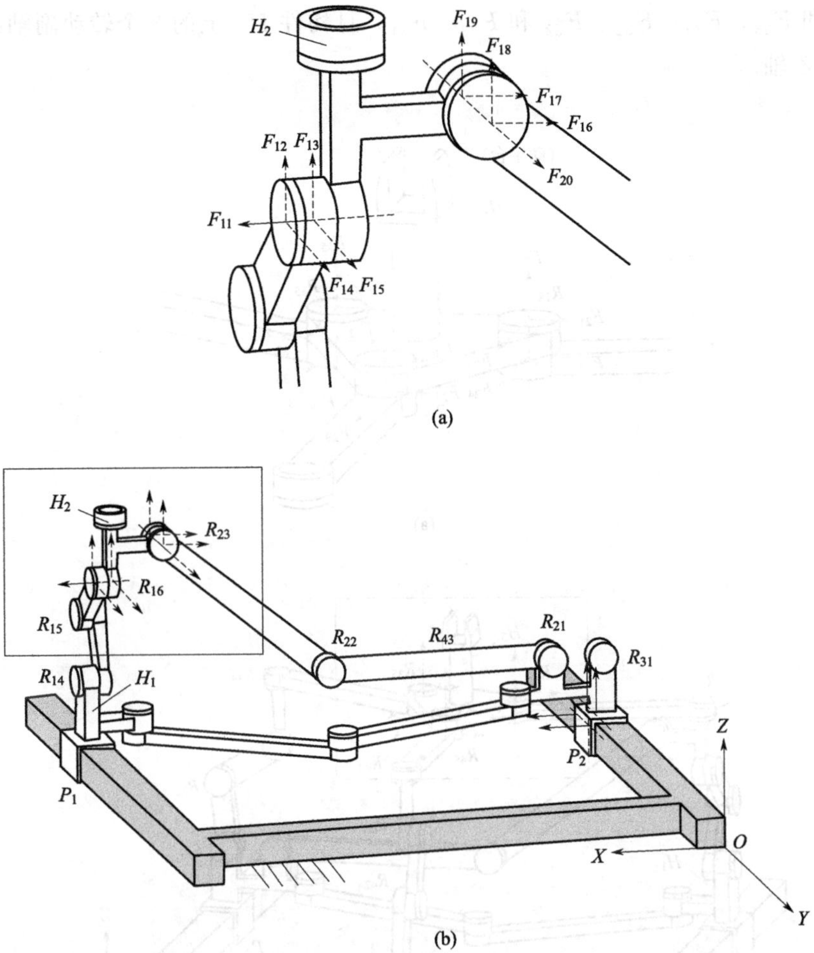

图 7.9　耦合构件 H_2 法线分布

由以上分析可知，耦合构件 H_2 有在 Y 方向和 Z 方向的移动自由度，且有一个在 XOY 平面内的转动自由度过约束。

(3) 耦合构件 H_3 的自由度分析

基于耦合构件 H_2 有在沿 Y 方向和 Z 方向的移动自由度，以及在 R_{17} 绕轴线的转动自由度，使得转动副 R_{18} 上轴线法线为单条动法线 F_{25}，以及 2 对平行动法线：F_{21}、F_{22} 和 F_{23}、F_{24}。

构件 H_3 分别通过运动链 $P_2—R_{31}—R_{32}—R_{33}—R_{34}—R_{35}$ 和运动链 $P_3—R_{41}—R_{42}—R_{43}—R_{44}—R_{45}$ 与机架连接，如图 7.10 所示。基于运动链末端构件

的移动自由度，也都分别产生一条动法线 F_{30} 和 F_{35}，各有 2 对平行动法线 F_{26}、F_{27} 和 F_{28}、F_{29}，F_{31}、F_{32} 和 F_{33}、F_{34}，且构件 H_3 上的 3 个转动副轴线都平行于 Z 轴。

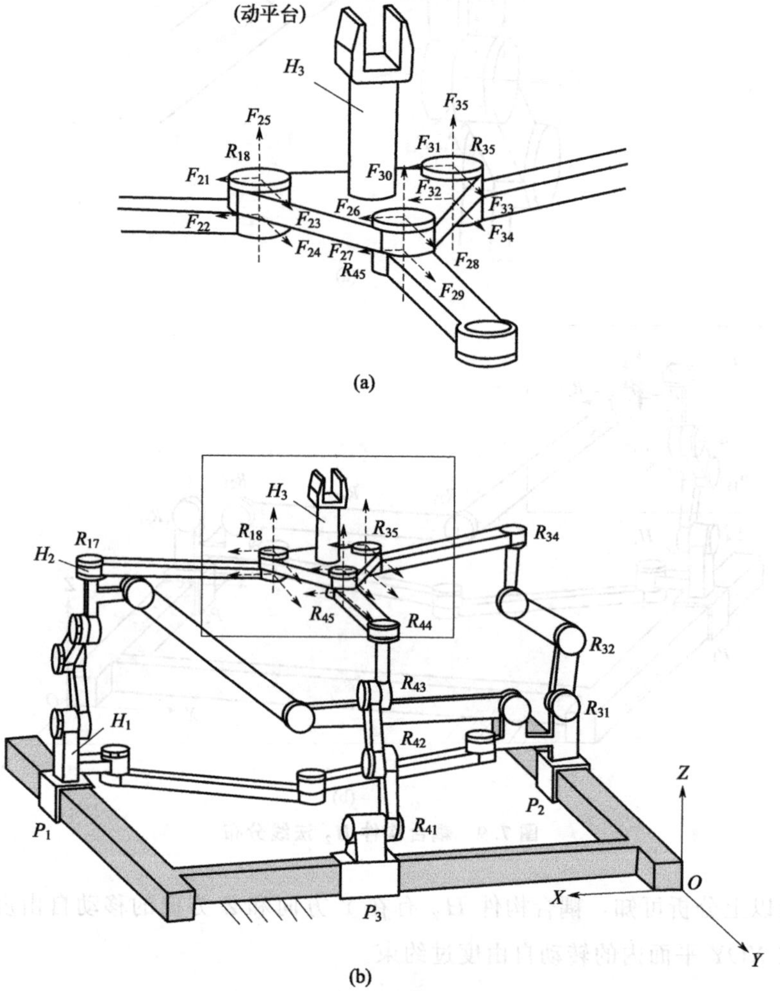

图 7.10　耦合构件 H_3 法线分布

根据法线传递规律 3 可得，单条动法线对构件不产生约束，而轴线相互平行的转动副上的 6 对平行动法线只约束耦合构件 H_3 在 XOZ 平面以及 YOZ 平面的转动自由度，构件 H_3 出现四个转动自由度过约束。

综合三条运动链对耦合构件 H_3 分析可得，耦合构件 H_3 也就是动平台有 4 个自由度，分别是：沿 X、Y、Z 轴方向的 3 个移动自由度，以及在 XOY 平面内的转动自由度。在 XOZ、YOZ 平面内各有两个转动自由度过约束。

7.3.3 耦合机构自由度计算

耦合机构位置变化时，构件各运动副上的法线分布与约束情况不发生变化，如图 7.11 所示，所以在耦合构件 H_1、H_2、H_3 上产生的过约束都为虚约束，故耦合机构的虚约束总数：$V=8$。机构有 20 个活动构件，$n=20$；有 3 个移动副，每个移动副约束 5 个自由度；有 21 个转动副，每个转动副约束 5 个自由度。根据式（6.1）可得，该空间多环耦合机构自由度为：

$$F=6n-\sum_{i=1}^{m}p_i+V=6\times20-5\times3-5\times21+8=8$$

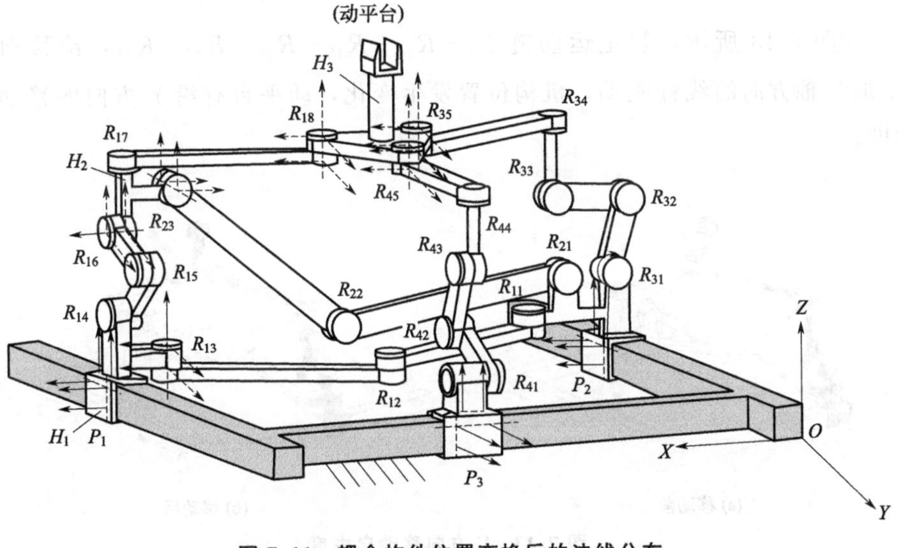

图 7.11　耦合构件位置变换后的法线分布

7.3.4 动平台自由度的模拟验证

(1) 动平台沿 *X* 轴方向移动

如图 7.12 示，锁定运动链 $P_3—R_{41}—R_{42}—R_{43}—R_{44}—R_{45}$，给移动副 P_3 加 X 轴方向的线性驱动，机构位置发生变化，动平台有沿 X 方向的移动自由度。

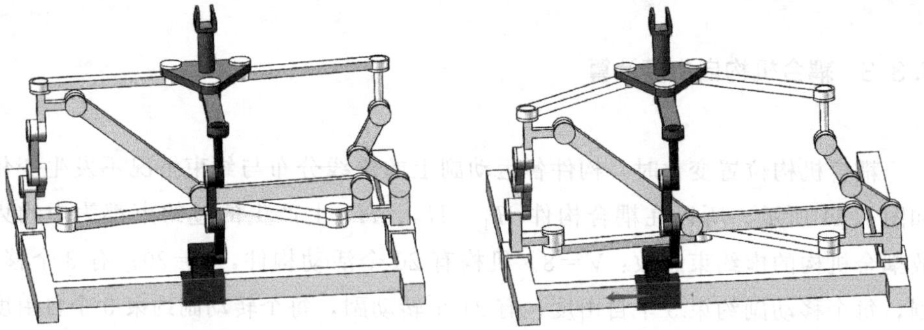

(a) 移动前　　(b) 移动后

图 7.12　X 方向移动自由度

(2) 动平台沿 Y 轴方向移动

如图 7.13 所示，锁定运动链 $P_1—R_{14}—R_{15}—R_{16}—R_{17}—R_{18}$，给移动副 P_1 加 Y 轴方向的线性驱动，机构位置发生变化，动平台有沿 Y 方向的移动自由度。

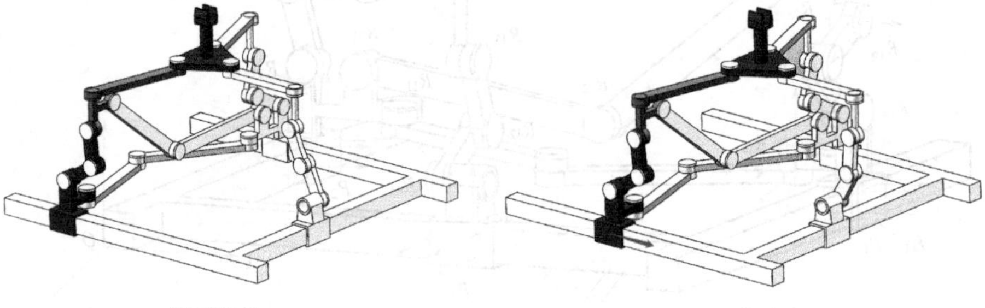

(a) 移动前　　(b) 移动后

图 7.13　Y 方向移动自由度

(3) 动平台沿 Z 轴方向移动

如图 7.14 所示，锁定动平台使其与底座平行，给动平台施加沿 Z 轴的线性驱动，机构位置发生变化，得到动平台有沿 Z 方向的移动自由度。

(4) 动平台绕 Z 轴的转动

如图 7.15 所示，锁定动平台使其与底座平行，给动平台施加在 XOY 平面内的旋转驱动，机构位置形态发生变化，因此机构动平台有 XOY 平面的转动自由度。

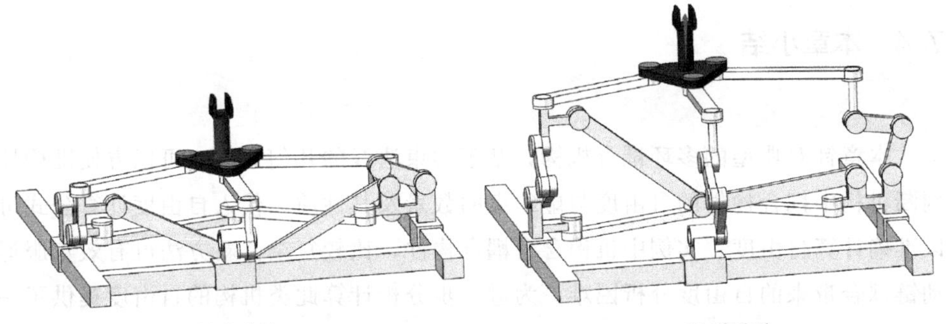

(a) 移动前　　(b) 移动后

图 7.14　*Z* 方向移动自由度

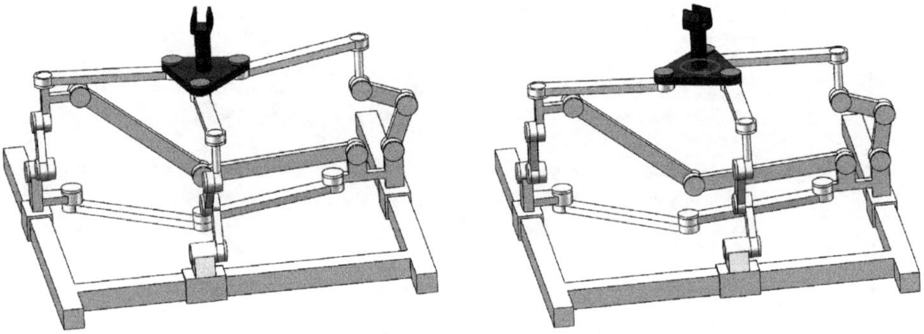

(a) 移动前　　(b) 移动后

图 7.15　绕 Z 轴的转动自由度

(5) 动平台的 4 个自由度

解除对耦合机构中各构件之间的锁定，给移动副 P_1、P_2、P_3 施加驱动，如图 7.16 所示，可见动平台在沿 X、Y、Z 轴方向的 3 个移动自由度，以及在 XOY 平面内的转动自由度同时发生。

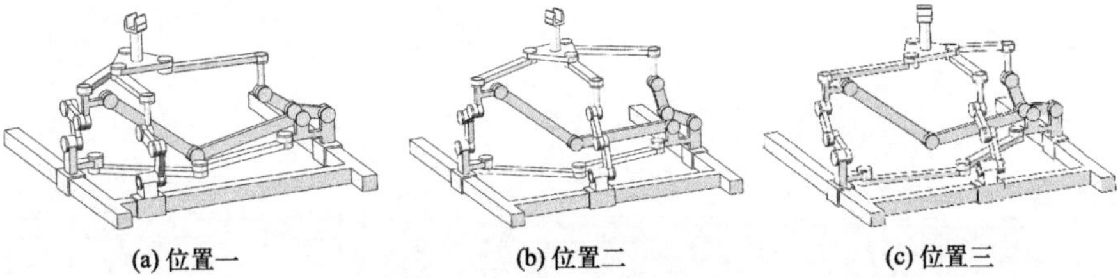

(a) 位置一　　(b) 位置二　　(c) 位置三

图 7.16　动平台位置变化

7.4 本章小结

本章针对典型的多环耦合机构，基于约束法线的几何定理，可以方便准确地判断机构中耦合构件的自由度与虚约束的数量及其性质，代入自由度计算公式可以准确计算自由度。实例中机构含有耦合构件，比较复杂。新方法可有效克服运动链耦合带来的自由度分析困难，为进一步分析计算此类机构的自由度提供了一种新思路。

参考文献

[1] 高峰. 机构学研究现状与发展趋势的思考 [J]. 机械工程学报，2005，3（08）：3-17.

[2] 韩建友，杨通，于靖军. 高等机构学 [M]. 2 版. 北京：机械工业出版社，2015.

[3] 李瑞琴，郭为忠. 现代机构学理论与应用研究进展 [M]. 北京：高等教育出版社，2014.

[4] MALLIK A K. Kinematic analysis and synthesis of mechanisms [M]. London：CRC Press，2020.

[5] 丁盼. 高维广义 Laguerre 函数的逼近理论及其应用 [D]. 徐州：江苏师范大学，2019.

[6] 战强. 机器人学 [M]. 北京：清华大学出版社，2019.

[7] 蔡自兴. 机器人学基础 [M]. 北京：机械工业出版社，2021.

[8] 赵杰. 我国工业机器人发展现状与面临的挑战 [J]. 航空制造技术，2012，408（12）：26-29.

[9] BOGUE R. The first half century of industrial robot：50 years of robotic developments [J]. Industrial Robot，2023，50（01）：1-10.

[10] KUIPERS B，FEIGENBALIM E A，HART P E，et al. Shakey：From conception to history [J]. AI Magazine，2017，38（1）：88-103.

[11] CHARALAMBOUS G，FLETCHER S，WEBB P. The development of a scale to evaluate trust in industrial human-robot collaboration charalambous [J]，Int J of Soc Robotics. 2016，8（2）：193-209.

[12] 赵艺兵，温秀兰，乔贵方，等. 基于几何参数标定的串联机器人精度提升 [J]. 计量学报，2020，41（12）：1461-1467.

[13] 田莉莉. 串联机器人动力学特性及结构优化设计研究 [D]. 济南：山东大学，2020.

[14] 王梦. 多自由度串联机器人运动学分析与仿真 [D]. 北京：北京理工大学，2016.

[15] 胡艳敏. 串联机器人运动可靠性分析及优化 [D]. 重庆：重庆交通大学，2020.

[16] SHAO Z F，ZHANG D，CARD S. New Frontiers in parallel robots [J]. Machines，2023，11（3）：386-386.

[17] LI Z B，LI S，LUO X. An overview of calibration technology of industrial robots [J]. IEEE/CAA J. Autom. 2022，8（1）：23-36.

[18] 孟明辉，周传德，陈礼彬，等. 工业机器人的研发及应用综述 [J]. 上海交通大学学报，2016，50（S1）：98-101.

[19] IONESCU T G. Terminology for mechanisms and machine science [J]. Mechanism and Machine Theory，2003，38（01）：597-901.

[20] STEWART D. A platform with six degrees of freedom [C]. Proceedings of the Institution of Mechanical Engineering，1965：371-386.

[21] HUNK K H. Kinematic geometry of mechanisms [M]. Oxford：Oxford University Press，1978.

[22] 冯李航，张为公，龚宗洋，等. Delta系列并联机器人研究进展与现状 [J]. 机器人，2014，36 (03)：375-384.
[23] 臧春田. Delta并联机器人结构设计及优化研究 [D]. 太原：中北大学，2021.
[24] YE W，LI Q C. Type synthesis of lower mobility parallel mechanisms：A review [J]. Chinese Journal of Mechanical Engineering，2019，32 (02)：13-23.
[25] 黄真，曾达幸. 机构自由度计算：原理和方法 [M]. 北京：高等教育出版社，2016.
[26] RENH H，ZHANG L Z，SU C Z. Design and research of a walking robot with two parallel mechanisms [J]. Robotica，2021，39 (9)：1634-1641.
[27] 吴慕乾. 基于多环耦合并联机构的双足机器人的设计与研究 [D]. 北京：北京交通大学，2022.
[28] PRESTAGE R M，CONSTANTIKES K T，HUNTER T R，et al. The green bank telescope [J]. Proceedings of the IEEE，2009，97 (8)：1382-1390.
[29] SAAB W，RACIOPPO P，BEN-TZVI P. A review of coupling mechanism designs for modular reconfigurable robots [J]. Robotica，2018，37 (2)：378-403.
[30] 吴灌伦，施光林. 双并联机构耦合连续体机械臂的设计与实现 [J]. 上海交通大学学报，2022，56 (06)：809-817.
[31] YOU Z. Motion structures extend their reach [J]. Materials Today，2007，10 (12)：52-57.
[32] 焦波. 智能制造装备的发展现状与趋势 [J]. 内燃机与配件，2020，(09)：214-215.
[33] 姜金刚，王开瑞，赵燕江，等. 机器人机构设计及实例解析 [M]，北京：化学工业出版社，2022.
[34] 李肇惠，郝昭. 工业机器人的技术发展及其应用分析 [J]. 内燃机与配件，2020 (01)：249-250.
[35] 许威，闫曈，许鹏，等. 特种机器人行业的新锐——四足仿生机器人 [J]. 机器人产业，2021 (04)：50-57.
[36] IFToMM. A standards for terminology. Terminology for the theory of machines and mechanisms [J]. Mech. Mach. Theory，1991，26 (5)：435-539.
[37] IFToMM. Terminology for the mechanism and machine science [J]. Mech. Mach. Theory，2003，38 (03)：597-901.
[38] 冯建彬，李铁军，杨冬，等. 冗余驱动并联机构的驱动力协调性优化控制方法 [J]. 制造业自动化，2022，44 (10)：79-83.
[39] 于靖军，刘辛军，丁希仑. 机器人机构学的数学基础 [M]. 2版. 北京：机械工业出版社，2016.
[40] 赵启航. 四足机器人腰部并联机构设计及运动性能研究 [D]. 沈阳：沈阳工业大学，2022.
[41] IONESCU T G. Terminology for mechanisms and machine science [J]. Mechanism and Machine Theory，2003，38 (7)：597-901.
[42] 刘宏伟. 空间并联机构的自由度分析 [J]. 机械传动，2009，33 (04)：90-92，138.
[43] 韩青，李天成. 一种新的平面机构自由度通用计算公式 [J]. 机械传动，2015，39 (03)：153-157.
[44] KUIZBACH K. Mechanische leitungsverzweigung，ihre gesetze und anwendungen [J]. Maschinenbau，1929，8 (21)：710-716.
[45] 孙桓，陈作模，葛文杰. 机械原理 [M]. 北京：高等教育出版社，2021.

[46] 黄真，刘婧芳，李艳文. 论机构自由度：寻找了150年的自由度通用公式 [M]. 北京：科学出版社，2011.

[47] GOGU G. Mobility and spatiality of parallelrobots revisited via theory of linear transformations [J]. European Journal of Mechanics /A Solids，2005，24 (4)：690-711.

[48] 刘婧芳，朱思俊，曾达幸，等. 包括2个新并联机构和一些反常机构的自由度分析 [J]. 燕山大学学报，2006，30 (06)：487-494.

[49] HLIANG Z，XIA P. The mobility analysis of some classical mechanism and recent parallel robots [J]. ASME，2006，12 (02)：99-109.

[50] 董伟良. 平面机构自由度公式的变化及其约束分析 [J]. 应用技术学报，2018，18 (01)：5.

[51] 许兆棠. 基于修正的G-K公式的组合机构自由度的计算 [J]. 机械传动，2023，47 (05)：62-66.

[52] 董伟良. 机构自由度计算难点和其运动分析及变自由度机构的探讨 [J]. 上海应用技术学院学报（自然科学版），2007 (02)：94-98.

[53] GOGU G. Mobility of mechanisms：A critical review [J]. Mechanism & Machine Theory，2005，40 (9)：1068-1097.

[54] ALTMAN F G. Sonderformen raumlieher koppelgetriebe und grenzen ihrer verwendbarkeit，konstruktion [J]. Werkstoffe Versuchswesen，1952，05 (04)：97-106.

[55] HUNT K H，PHILLIPS J R，et al. Zur kinematic mechanischer verbindung fur räumliche bewegung [J]. Maschinenbau，1965，14 (01)：657-664.

[56] BENNETF G T. A new mechanism engineering [J]. 1903，76 (03)：777-778.

[57] BRICARD R. Leçons de cinématique [J]. Gauthier-Villars，1927，02 (15)：7-12.

[58] HAYASHI T，UEDA K. Miniaturization of a 50N tuning-fork type force transducer by adopting a simplified roberval mechanism [J]. Measurement，2018，114 (01)：203-207.

[59] DCLASSUS E. Sur les systemes articules gauches [J]. Deuxième partie，1902，6 (03)：119-152.

[60] DELASSUS E. Les chaînes articulés fermées et déformables à quatre membres [J]. Bull. Math. Sci.，1922，46 (02)：283-304.

[61] HERVé J M. A new four-bar linkage completing delassus' findings [J]. Transactions of the Canadian Society for Mechanical Engineering，2011，35 (1)：57-62.

[62] GOLDBERG M. New 5-bar and 6-bar linkages in three dimensions [J]. ASME J. Mech.，1943，65 (01)：649-661.

[63] LI Y，WANG L，LIU J，et al. Applicability and generality of the modified Grübler-Kutzbach criterion [J]. Chin. J. Mech. Eng，2013，26 (02)，257-263.

[64] HERVÉ J M. Analyse structurelle des mécanismes par groupe des déplacements [J]. Mechanism and Machine Theory，1978，13 (04)：437-450.

[65] MYARD F E. Contribution a la geometrie des systemes articules [J]. Bull. Soc. Math. France，1931，59 (01)：183-210.

[66] BAKER J E. Overconstrained 5-bars with parallel adjacent joint axes—I Method of Analysis [J]. Mechanism and Machine Theory，1978，13 (02)：213-218.

[67] BAKER J E. On relative freedom between links in kinematic chains with cross-jointing [J]. Mechanism and Machine Theory, 1980, 15 (05): 397-413.

[68] WALDRON K J. Overconstrained linkages [J]. Enviroment & Planning B Planning & Design, 1979, 06 (04): 393-402.

[69] GOGU G. Structural synthesis of parallel robots [M]. Paris: Springer Dordrecht, 2008.

[70] KIM H S, TSAI L W. Evaluation of a cartesian parallel manipulator [J]. Kluwer Academic Publishers, 2002, 13 (02): 21-28.

[71] KONG X W, GOSSELIN M. Type synthesis of linear translational parallel manipulators [J]. Kluwer Academic Publishers, 2002.

[72] CLAVEL R. A fast robot with parallel geometry [C]. Proc. Int. Symposium on Industrial Robots, 1988: 91-100.

[73] PIERROI F, COMPANY O. H4: A new family of 4-dof parallel robots [C]. Advanced Intelligent Mechatronics, 1999.: 508-513.

[74] KONG X, GOSSELIN C M. Type synthesis of linear translational parallel manipulators [J]. Springer Netherlands, 2002, 13 (02): 453-462.

[75] WEMGER P, CHAbLAT D. Kinematic analysis of a new parallel machine tool: The orthoglide [J]. Springer Netherlunds, 2001, 13 (03): 305-314

[76] LENARI J, SICILIANO B. Advances in robot kinematics 2020 [M]. Switzerland: Springer Cham, 2020.

[77] PATRICK G, FEDERICO T. Parallel robots with unconventional joints [M]. Switzerland: Springer Cham, 2019.

[78] 黄真，刘婧芳，李艳文. 150年机构自由度的通用公式问题 [J]. 燕山大学学报，2011，35 (01)：1-14，39.

[79] 杨廷力，沈惠平，刘安心. 机构自由度公式的统一形式及其物理内涵 [J]. 常州大学学报 (自然科学版)，2013，25 (04)：1-8.

[80] 吴宇列. 并联机构奇异位形的微分几何理论以及冗余并联机构的研究 [D]. 长沙：国防科技大学，2001.

[81] Chebyshev P L. Théorie des Mécanismes connus sous le nom de Parallélogrammes, lere partie [J]. Académie Impeériale des Sciences de st-petersbourg par divers savants vii, 1854: 539-568

[82] SYLVESTER J J. On the recent discoveries in mechanical conversion of motion [J]. Proc. Roy. Inst. Great Britain, 1874, 7 (5): 179-198.

[83] Grübler M. All gemeine eigenschaften der zwangläufigen ebenen kinematischen ketten, Part I [J]. Zivilingenieur, 1883, 29 (1): 167-200.

[84] UHI T. Advances in mechanism and machine science [M]. Switzerland: Springer Cham. 2020.

[85] SOMOV P I. On the degree of motion of kinematic chains [J]. Phys. Chem. Soc. Russia, 1887, 19 (9): 443-447.

[86] Hochman K I. kinematics of machinery [M]. Odesa, 1890.

[87] KUTZBACH K. Mechanische leitungsverzweigung, ihre gesetze und anwendungen [J]. Maschinenbau, 1929, 08 (21): 710-716.

[88] VOINEA R P, ATANASIU M C. Contributions to the determination of the kinematic state of a mechanism by using the method of conjugate systems [J]. Mechanism and Machine Theory, 1963, 12 (01): 29-77.

[89] FREUDENSTEIN F, ALIZADE R. On the degree of freedom of mechanisms with variable general constraint [C] in Proc. 4th World Congress on the Theory of Mechanisms and Machines, University of Newcastle-upon-Tyne, England, September, 1975, 1: 51-56.

[90] 曾重元. 并联及串并混联机构设计方法研究 [D]. 哈尔滨：哈尔滨工业大学，2017.

[91] 沈惠平，曾氢菲，李菊等. 典型并联机构拓扑结构特征分析 [J]. 农业机械学报，2016，47 (8)：11-16.

[92] MOROSKINE Y F. General analysis of the theory of mechanisms [J]. Teorii Masini Mekhanizmov, 1954, 14 (02): 25-50.

[93] BAGCI C. Degrees of freedom of motion in mechanisms [J]. Journal of Engineering for Industry, 1971, 93 (1): 140-148.

[94] FREUDENSTEIN F, ALIZADE R. On the degree-of- freedom of mechanisms with variable general constraint [M]. Newcastle upon Tyne: Fourth World Congress on the Theory of Machines and Mechanisms, 1975, 14 (03): 51-56.

[95] GOGU G. Structural synthesis of parallel robotic manipulators with decoupled motions: ROBEA MAX-CNRS [R]. 2002.

[96] GOGU G. Mobility and spatiality of parallel robots revisited via theory of linear transformations [J]. European Journal of Mechanics-/A Solids, 2005, 24 (4): 690-711.

[97] GOGU G. fully-isotropic redundantly-actuated parallel wrists with three degrees of freedom [C] // ASME 2007 International Design Engineering Technical Conferences and Computers and Information in Engineering Conference. Las Vegas, 2007.

[98] ANGELES J, GOSSELIN C. De' termination du degre' de liberte' des chaines cine' matiques [J]. Trans. CSME, 1988, 12 (4): 219-226.

[99] THIERRY L, GOSSELIN C M. Polyhedra with articulated faces [C] //IFToMM World Congress. 2007.

[100] RICO J M, RAVANI B. On calculating the degrees of freedom or mobility of overconstrained linkages: singleloop exceptional linkages [J]. Journal of Mechanical Design, 2007, 129 (3): 301-311.

[101] JIANG W, LUO X, JIA W C, et al. A new algorithm for calculating the degrees of freedom of complex mechanisms [J]. Advanced Materials Research, 2011, 346 (05): 8-19.

[102] HERVE J M. Analyse structurelle des mecanismes par groupe des deplacements [J]. Mechanism and Machine Theory, 1978, 13 (04): 437-450.

[103] HERVE J M. Principes fondamentaux dune theorie des mecanismes [J]. Rev Roum Sci Tech Ser Mec Appl, 1978, 23 (05): 693-709.

[104] FANGHELLA P, GALLETTI C. Mobility analysis of single-loop kinematic chains: an algorithmic

approach based on displacement groups [J]. Mechanism and Machine Theory, 1994, 29 (08): 1187-1204.

[105] RICO J M, GALLARDO J, RAVANI B. Lie algebra and the mobility of kinematic chains [J]. Journal of Robotic Systems, 2003, 20 (08): 477-499.

[106] MILENKOVIC P. Mobility of multichain platform mechanisms under differential displacement [J]. Journal of Mechanisms & Robotics, 2010, 02 (03): 191-220.

[107] 王成志. 基于螺旋理论的机构自由度自动分析 [J]. 集美大学学报 (自然科学版), 2021, 26 (04): 333-341.

[108] ANTONOV A V, FOMIN A S. Mobility analysis of parallel mechanisms using screw theory [J]. Journal of Machinery Manufacture and Reliability, 2022, 51 (7): 591-600.

[109] VOINEA R, ATANASIU M. Contribution a letude de la structure des chaînes cinématiques [J]. Bulrtinul Institutului Pol Bucharesti, 1960, 12 (01): 29-77.

[110] WALDRON K J. The constraint analysis of mechanisms [J]. Journal of Mechanisms, 1966, 1 (2): 101-114.

[111] HUNT K H. Kinematic geometry of mechanisms [M]. Oxford: Oxford University Press, 1978.

[112] 黄真. 空间机构学 [M]. 北京: 机械工业出版社, 1991.

[113] 黄真, 孔令富, 方跃法. 并联机器人机构学理论及控制 [M]. 北京: 机械工业出版社, 1997.

[114] 黄真, 刘婧芳, 曾达幸. 基于约束螺旋理论的机构自由度分析的普遍方法 [J]. 中国科学技术科学 (中文版), 2009, 39 (1): 84-93.

[115] DAI J S, ZHAD T. Mobility analysis of complex joints by means of screw theory [J]. Robotica, 2009, 27 (6): 915-927.

[116] ZENG D X, LU W J, HUANG Z, et al. Over-constraint and a unified mobility method for general spatial mechanisms part 1: Essential principle [J]. Chinese Journal of Mechanical Engineering, 2015, 28 (5): 869-877.

[117] FANG Y, TSAL L W. Enumeration of a class of overconstrained mechanisms using the theory of reciprocal screws [J]. Mechanism and Machine Theory, 2004, 39 (11): 1175-1187.

[118] KONG X W, GOSSELIN C M. Type synthesis of parallel mechanisms [M]. Berlin: Springer, 2007.

[119] 刘婧芳, 黄晓欧, 余跃庆, 等. 多环耦合机构末端件自由度计算的等效法 [J]. 机械工程学报, 2014, 50 (23): 13-19.

[120] 曹文熬, 丁华锋, 陈子明, 等. 两层两环空间耦合链机构自由度分析原理 [J]. 机械工程学报, 2016, 52 (17): 116-126.

[121] 卢文娟, 张立杰, 曾达幸, 等. 新的机构自由度计算公式——GOM 公式的应用研究 [J]. 中国机械工程, 2014, 25 (17): 2283-2289.

[122] LI Q C, JI N, CHAI X X, et al. Mobility analysis of limited-degrees-of-freedom parallel mechanisms in the framework of geometric algebra [J]. Journal of Mechanisms & Robotics Transactions of the Asme, 2016, 27 (3): 2083-2095.

[123] STAFFETTI E. Kinestatic analysis of robot manipulators using the Grassmann-Cayley algebra [J]. IEEE Transactions on Robotics & Automation，2004，20 (2)：200-210.

[124] CHAI X，LI Q，YE，W et al. Mobility analysis of overconstrained parallel mechanism using Grassmann-Cayley algebra [J]. Applied Mathematical Modelling，2017，51 (03)：643-654.

[125] XU Y D，LIU W L，CHEN L L，YAO J T，et al. Mobility and kinematic analyses of a novel deployable composite element [J]. Journal of Deep Space Exploration，2017，4 (4)：333-339.

[126] MILENKOVIC P，BROWN M V. Properties of the bennett mechanism derived From the RRRS closure ellipse [J]. Journal of Mechanisms and Robotics，2011，3 (2)：021012-021019.

[127] YANG E X，LI T C，NAN Y J，et al. A new method for calculating the degree of freedom of planar mechanisms [J]. Applied Science & Technology，2007，04 (03)：111-117.

[128] LENARCIC J. A new method for calculating the Jacobian for a robot manipulator [J]. Robotica，1983，01 (04)：5-13.

[129] XUE C Y，TING K L，WANG J et al. Mobility criteria of planar single-loop N-bar chains with prismatic joints [J]. Journal of Mechanisms and Robotics，2011，03 (01)：011011-011022.

[130] 孙桓. 关于机构的公共约束 [J]. 机械科学与技术，1981，04 (01)：22-33.

[131] 张晓伟，林秀君，郑玲利，等. 平面机构自由度求解中低副高代去除轨迹点重合虚约束 [J]. 广东工业大学学报，2020，37 (02)：60-66.

[132] 杨廷力，沈惠平，刘安心，等. 机构自由度公式的基本形式、自由度分析及其物理内涵 [J]. 机械工程学报，2015，51 (13)：69-80.

[133] 黄勇刚. 面向约束及其误差的少自由度并联机构分析与构型综合 [D]. 重庆：重庆大学，2009.

[134] 张少渤. 平面单自由度多环机构传递特性分析 [D]. 天津：天津大学，2016.

[135] 杨恩霞，李天成，南艳杰. 平面机构自由度判断的一种新方法及其应用 [J]. 应用科技，2007，34 (7)：61-64.

[136] 郭卫东，于靖军. 一种计算平面机构自由度的新方法 [J]. 机械工程学报，2013，49 (7)：125-129.

[137] 韩青，李天成. 一种新的平面机构自由度通用计算公式 [J]. 机械传动，2015，39 (03)：153-157.

[138] 孟祥文，欧阳富. 用λ替代平面机构局部自由度和虚约束数的研究 [J]. 林业机械与木工设备，2009，37 (6)：24-26.

[139] 张一同，李艳文，王丽雅. 用虚拟环约束表示的机构自由度公式 [J]. 中国科学：技术科学，2012 (01)：115-122.

[140] ZHANG Y T，LI Y W，WANG L Y. A new formula of mechanism mobility based on virtual constraint loop [J]. Science China Technological sciences，2011，54 (10)：2768-2775.

[141] 卢文娟，吕梦瑶，杨家楠，等. 一种多环耦合机构的自由度分析方法 [J]. 机械设计与研究，2022，38 (02)：75-81，87.

[142] 王晓慧，吴冬祖，兰国生，等. 基于定位法线的工件自由度分析几何定理及应用 [J]. 机械工程学报，2017，53 (9)：157-163.

[143] WANG X H, SONG F J, WANG Y L, et al. A method for determining the DOF of workpiece based on developed geometry theorem [J]. The International Journal of Advanced Manufacturing Technology, 2017, 92 (03): 4553-4560.

[144] LUO G J, WANG X H, YAN X G. Geometric theorems and application of the DOF analysis of the workpiece based on the constraint normal line [J]. Advances in Materials Science and Engineering, 2021, 2 (2021): 1-9.

[145] 哈尔滨工业大学理论力学教研室. 理论力学（I）[M]. 8版. 北京：高等教育出版社，2016.

[146] TSAI L W. Multi-degree-of-freedom mechanisms for machine tools and the like: US08/415851 [P]. 1997-8-12.